KB250845

# 꼬리에 꼬리를 무는
# 신소재 이야기

마법의 하얀 가루부터 해리 포터의 투명 망토까지
인류를 입히고 먹이고 살린 신소재의 비밀!

# 꼬리에 꼬리를 무는

# 인소재 이야기

홍완식
지음

주니어태학

**일러두기**

● 이 책에 등장하는 원소와 화합물의 표기는 세계 표준인 IUPAC에 근거한 대한화학회의 명명법을 따랐다(예: 칼륨 → 포타슘). 소듐의 경우 일부 교과서에서 나트륨으로 표기가 되어 있지만, 이 책에서는 대한화학회의 명명법에 따라 소듐으로 표기했다.

● 책명·언론사 이름은 《 》, 영화·기사·노래 제목 등은 〈 〉로 표기했다.

# 배움이란 무엇인가?

대부분의 동물은 태어나서 독립된 개체로 성장하기까지 많은 시간
이 필요하지 않습니다. 어떤 동물은 태어나자마자 네 발로 걷거나,
물속에서 자유롭게 헤엄치기도 하죠. 그러나 만물의 영장이라 불리
는 인간은 그럴 수 없어요. 독립적인 활동을 할 수 있는 성인으로
자라려면 최소 20년 이상의 시간이 필요합니다. 모든 동물 가운데
인간은 성장에 가장 많은 시간을 들이죠. 사회 구성원으로서 온전한
역할을 하기까지 인간은 끊임없이 배우며 그 긴 시간을 보냅니다.

르네상스 시대를 대표하는 화가 라파엘로Raffaello Sanzio의 가장 유
명한 그림은 〈아테네 학당〉입니다. 바티칸 교황 율리오 2세Giulio II의
의뢰를 받아 그린 작품이죠. 교황의 개인 서재인 '서명의 방' 벽면에
고대 그리스 철학을 대표하는 플라톤Plato과 아리스토텔레스Aristotle
를 중심으로 시대를 초월한 석학들을 한 공간에 그려 넣은 초대형

중세의 종교 중심 사고에서 벗어나 인간의 이성과 과학, 예술을 중요하게 생각했던 르네상스 시대의 가치관이 담긴 그림이다. 〈아테네 학당〉, 라파엘로 산치오 다 우르비노.

걸작입니다.

이 그림의 배경은 플라톤이 기원전 387년에 세운 학교 '아카데메이아Acadēmeia'입니다. 학문 및 예술의 중심이 되는 단체인 '아카데미 Academy'도 여기서 유래된 말이죠. 고대 그리스는 민주주의의 발상지였기에, 이곳의 시민들은 필수적인 소양을 갖추어야 했습니다. 그래서 아카데메이아에서는 산술과 기하학, 천문학, 철학, 문답법 등을 가르쳤습니다. 아리스토텔레스도 플라톤의 아카데메이아처럼 지식을 나누기 위해 '리케이온Lykeion'이라는 학교를 지었어요. 또한 고대 그리스에는 청년들이 몸을 단련하고 철학, 문학, 음악 등 학문도 배웠던 공공장소인 '김나시온Gymnasion'도 있었습니다.

김나시온의 이름은 먼 훗날 부활하게 됩니다. 르네상스가 절정에 이르렀던 16세기 초, 독일의 작센에서 대한민국 기준으로 초등학교 6학년부터 대학교 1학년에 해당하는 학생을 가르치는 교육기관이 탄생했는데요. 고전 문헌, 언어, 철학 등 인간 중심의 학문을 중시했던 르네상스의 인문주의 영향을 받아, 김나시온에 해당하는 라틴어를 그대로 따서 '김나지움Gymnasion'이라고 이름 붙인 것이지요.

프랑스에서도 비슷한 시기에 대대적으로 교육 제도가 바뀌었어요. 프랑스 혁명 이후 나폴레옹 3세Napoléon Bonaparte는 혼란에 빠진 프랑스 사회 전반을 바꾸려고 했습니다. 그래서 리케이온의 프랑스식 발음을 따서 7년제 국립고등학교인 '리세Lycée'를 세웠습니다. 20세기에 들어서 리세는 우리나라 중학교 3학년부터 고등학교 3학년 과정에 해당하는 중등교육 시스템으로 개편되었죠.

이처럼 전 세계 교육의 역사를 보면 사회 지도자 양성, 각 분야의 전문가를 배출하는 준비 단계, 즉 엘리트 교육에 뿌리를 두고 있어요. 어쩌면 여러분도 〈아테네 학당〉 속에 있다고 할 수 있습니다. 진리를 탐구하며 사색에 잠기기도 하고, 동료들과 열띤 토론을 벌이기도 하니까요.

# 전문가란 어떤 사람인가?

유년기와 청소년기에 접어든 사람들은 학교에서 무언가를 배웁니다. 그런데 동서고금을 막론하고 많은 학생이 싫어하는 것이 하나 있죠. 바로 '시험'입니다. 길 가는 학생 중 아무나 붙잡고 물어봐도 이구동성으로 똑같은 답을 들을 수 있을 거예요. 그런데 학생들은 시험을 통해 문제를 해결할 수 있음을 증명해야 졸업할 수 있습니다. 사회에 나가 실제로 마주하게 될 다양한 문제들을 스스로 풀기 위한 준비지요. 결국 시험은 교육의 핵심이라 할 수 있습니다.

그러나 학교 시험에 나오는 '문제question'들은 엄밀히 따지자면 진정한 의미의 문제가 아닙니다. 정답이 다 나와 있기 때문이지요. 반면에 세상을 살아가면서 마주하는 '문제problem'들은 명확한 답이 없고, 답을 찾은 사람도 없습니다. 학교 시험도 정답이 유출되면 새로운 문제를 다시 만드는 것처럼, 세상에서 닥치는 일들도 해결책을 이미 알고 있다면 그것은 더 이상 문제가 될 수 없는 이치지요.

사회에 진출해서 직업을 가지고 사회 구성원으로서 자신의 역할을 다한다는 것은 매일 쏟아지는 문제들을 모두가 함께 해결해 나가는 것을 의미합니다. 살아가면서 겪는 문제들은 워낙 복잡하고 범위가 방대해요. 누구도 삶의 문제를 혼자서 해결할 수는 없습니다. 역할 분담이 필요하지요. 자신이 잘 아는 분야에서 문제의 핵심을 파악하거나 남들이 미처 보지 못한 문제들을 발굴해 내고 그것을 해결하는 사람을 '전문가professional'라고 합니다. 줄여서 '프로pro'라고 하죠.

대부분 프로의 반대말을 '아마추어amateur'라고 생각합니다. 그래서 아마추어를 단순히 '비전문가'나 '비숙련자'로 생각하곤 하죠. 사실 아마추어를 프로의 반대 개념으로 보기에는 다소 무리가 있습니다. 아마추어란 '좋아서 하는 사람'이라는 뜻이거든요. 이 말은 곧 '싫증이 나면 언제든지 그만두어도 상관없는 사람'이 됩니다. 즉 반드시 문제를 해결하지 못하더라도, 즐길 수 있을 만큼만 하면 더 이상 애쓸 이유가 없는 사람이라는 것이죠.

반면, 전문가라는 말은 '직업', '소명'을 뜻하는 영어 단어 'profession'에서 유래했습니다. 결국 전문가란 단순히 뛰어난 지식이나 기능을 가진 사람이 아닌, 소명 의식을 가지고 끝까지 문제를 해결해 내고야 마는 사람이라 할 수 있어요. 전문가들도 때로는 문제와 맞서는 것이 힘들게 느껴질 때도 있겠지만, 그들에게는 생계가 걸린 일이라 포기할 수도 없습니다. 평생 자신의 일을 유지하기 위해서는 이름을 걸고 신뢰와 성과를 차곡차곡 쌓아야 하니까요. 중등 교육을 넘어 고등 교육에 해당하는 대학 교육은 이러한 전문가가 되기 위한 첫 단추를 꿰는 것입니다.

그런데 잠깐만요! 대학에 가는 것이 첫 단추에 불과하다고요? 네, 그렇습니다. 살아가면서 계속 새로운 문제들과 마주칠 테니, 어떤 학교라도 모든 해결책을 전부 가르쳐 줄 수는 없습니다. 물론 대학에 가지 않고 사회에 곧바로 진출해서 실무를 익히는 선택도 대학에 가는 선택과 다름없는 첫 단추입니다. 일찍 현장을 체험하며 먼저 경험을 쌓은 선배들로부터 문제를 다루는 방법을 배울 수도 있겠지요. 그렇지만 중요한 것은, 사회에서도 해결책을 일일이 다 가르쳐 주진 않는다는 것입니다.

 게다가 이 세상의 문제들은 매우 복잡합니다. 제대로 된 해결책을 찾으려면 자신의 전문 분야뿐만 아니라, 전혀 상관없는 분야의 지식까지도 응용할 줄 알아야 합니다. 따라서 전문가로 살기 위해서는 평생토록 누가 시키지 않아도 스스로 찾아서 공부하고 끊임없이 새로운 것들로 자신을 채워 나가야겠지요. 그러기 위해서는 나를 성장하게 하는 씨앗의 역할을 해 줄 수 있는 핵심적인 지식 요소들이 필요해요. 대학과 사회에서는 바로 이런 지식을 배우는 것입니다.

## 문제란 무엇인가?

삶에서 문제를 마주하면 곧바로 답을 찾고 해결하면 좋을 텐데요. 왜 답을 찾는 것은 어려울까요? 무릇 문제란 대개 모순을 품고 있어서, 우리를 진퇴양난의 상황으로 몰아넣기 때문입니다. 결국 우리가 살아가는 과정은 이런 모순을 부단히 극복해 가는 일이라고도 말할 수 있겠지요.

모순은 대개 두 가지 모습 중 하나로 나타납니다. 첫째는 두 개 이상의 요소나 개념이 서로 어긋나는 모습입니다. 이러한 말을 '상충相衝'이라고 하는데, 상충보다는 영어의 'Trade-off'라는 단어가 더 실질적이고 구체적으로 모순을 표현합니다. Trade-off란 하나가 좋아지면 반드시 다른 것이 나빠지게 되어 있다는 뜻이지요. 둘째는 '물리적 불가능성'입니다. 이것은 두 가지 상반된 특성이 동시에 요구되는 상황을 의미합니다. 예를 들어 어떤 물체가 무거우면서 동시에 가벼워야 한다든가, 어떤 현상이 빠르면서 동시에 느리게 일어나야 한다든가 하는 경우이지요.

문제를 해결하기 위해 새로운 도구를 고안하고, 도구를 구현할 수 있는 소재를 찾다 보면, 이 과정에서 꼭 모순에 부딪히게 돼요. 현재에 존재하는 도구가 과거에 없었던 가장 큰 이유는 서로 반대되는 성질을 모두 가진 소재를 찾지 못했기 때문입니다. 그렇다고 원하는 성질을 가진 소재를 새로 만든다는 것은 불과 몇십 년 전까지만 해도 상상하기 힘든 일이었어요. 인류가 비로소 새로운 소재를 스스로 설계하고 만들 수 있을 만큼 똑똑해진 것은 20세기 초반 이후의 일이거든요.

인류는 언제나 모순에 직면해 왔고, 그때마다 놀라운 창의력과 끈질긴 의지로 문제를 해결했습니다. 이러한 모순을 극복해 온 방식은 크게 세 가지로 나눌 수 있어요. 첫째는 서로 다른 두 가지를 결합해 시너지synergy를 만들어 내는 방법, 둘째는 기존의 틀에서 벗어나 새로운 제3의 요소를 도입하는 방법, 마지막으로 우연이나 실수처럼 예상할 수 없는 상황을 역이용해서 반전을 이루어내는 방법입니다. 이러한 전략의 중심에는 늘 '소재'가 있었습니다. 반대로, 어떤 문제를 해결하기 위해 꼭 맞는 소재를 개발할 때도 이러한 전략이 사용되었죠.

다시 말해 인류의 역사는 모순을 해결하려는 노력 속에서 새로운 소재를 찾아내고, 발견된 소재들이 다른 문제를 극복하게 만들면서 문명을 발전시킨 과정이라 볼 수 있습니다. 그렇다면 전략에 관해 조금 더 살펴보도록 하죠.

## 함께 더 나아가기

시너지의 어원은 '함께 일한다'라는 뜻의 그리스어 'synergia'입니다. 두 개 이상의 요인이 함께 작용할 때 각각의 산술적인 합보다 더 큰 효과를 이끌어 내는 것을 말해요. '동반상승효과' 또는 '협력작용'이라고도 합니다.

모순에 대응하는 첫 번째 방안은 소재들 사이의 양보와 희생으로 서로의 단점을 보완하고 장점을 극대화하는 시너지를 추구하는 것입니다. 예를 들어 금속은 단단하게 만들려고 할수록 깨지기 쉬워져요. 잘 깨지지 않도록 유연하게 만들면 단단하지 않아서 힘을 견디지 못하죠. Trade-off의 대표적인 예입니다. 고대로부터 철 장인들은 잘 부러지긴 하지만 단단해서 날이 무뎌지지 않는 강철과 무르지만 부러지지 않고 잘 휘는 연철을 층층이 덧대어 시너지 효과를 내는 기술을 고안했습니다. 이것이 고대의 명검으로 알려진 '톨레도검'이나 우리나라의 '고려도검'을 탄생시킨 '접쇠단조법'입니다. 철근 콘크리트, 강화 유리 등 현대에 우리가 볼 수 있는 수많은 복합 재료들이 모순을 극복하는 과정에서 탄생한 거예요.

## 제3의 요소를 찾아서

모순을 해결하는 두 번째 방법은 제3의 요소 또는 차원을 도입하는 것입니다. 두 가지 요소가 충돌하는 경우 당사자인 두 요소를 가지고 아무리 씨름해 봐야 아무런 해결 방안도 나오지 않죠. 애초에 그게 가능했다면 문제가 되지 않았을 테니까요. 이럴 때는 연관이 없어 보이는 제3의 요소나 차원이 해결의 실마리 역할을 할 수 있습니다. 이것이 '융합과 통섭의 힘'입니다. 특히 이러한 제3의 요소가 물이나 공기, 중력 등 주변에 항상 존재하는 것이라든가, 상충하던 두 가지 요소 속에 숨어 있어서 미처 알아차리지 못한 것이었다면, 더할 나위 없이 이상적인 해결책이 될 수 있겠죠. 이런 이상적인 해결책에는 '혁신적인 발명'이라는 칭호가 붙습니다.

그러나 이런 행운은 자주 찾아오지 않습니다. 해결의 열쇠를 쥔 제3의 요소는 대개 한정된 지역에만 분포하거나, 많은 시간과 노력을 들여야만 얻을 수 있습니다. 역사적으로 인류는 그것을 손아귀에 넣기 위해 삶의 방식을 송두리째 바꾸는 일도 마다하지 않았죠. 소재를 구하기 위해 자연스레 무역로가 열렸고, 그 소재가 나는 곳을 차지하기 위해 전쟁도 서슴지 않았습니다. 인류는 이러한 모순 해결 방식을 이미 구석기 시대부터 터득한 셈입니다.

## 우연을 필연으로

모순을 극복해 나가는 세 번째 전략은, 불굴의 의지와 집념을 발휘해서 자연과 시간이 허락해 준 '우연한 발견'이란 선물을 놓치지 않고 '필연적 성공'으로 탈바꿈시키는 역발상입니다. 플레밍Alexander Fleming이 우연히 세균 배양 접시에 파랗게 슬어 버린 곰팡이로부터 페니실린penicillin을 만들어 내게 된 일화는 '실패는 성공의 어머니'라는 격언의 사례로 자주 언급됩니다. 그런데 새로운 소재들의 탄생 비화들을 들여다보면 이와 유사한 이야기들이 많습니다. 우연한 발견 앞에는 대개 '어처구니없는 실수'가 자리하고 있는데요. 그 이면에는 자신의 삶을 송두리째 투자해 밤낮으로 연구와 실험에 매달린 연구자들의 피땀이 숨어 있습니다. 그만한 노력이 축적되어 있었기 때문에 실수나 실패에 대해서 좌절하거나 무시하지 않고, 끝까지 탐구해서 성공을 이루어 낼 수 있었겠죠. 따라서 이러한 소재들의 탄생은 결코 우연한 발견이라고 치부해 버릴 수만은 없죠. 그보다는 연구자들이 쏟아부은 열정 및 그치지 않을 장래의 수고에 대해 하늘이 허락한 '필연적 선'이라고 할 수 있을 것입니다.

앞으로 함께 알아볼 신소재 이야기들은 인류와 소재가 손을 맞잡고 모순을 극복하면서 문명의 발전을 이끌어 온 소재의 역사입니다. 인류가 겪어야 했던 모순을 어떤 소재들로 해결해 나갔는지 살펴볼 거예요. 한편으로는 인류에게 가장 필요한 소재를 탄생시키기 위해 인류는 어떤 방법으로 소재 안에 숨어 있는 모순을 해결해 나갔는지, 흥미진진한 서사를 함께 들여다봅시다.

# 차례

## 1장 소재 없이 인류 없다

## 2장 먹을거리를 위해서라면

## 5장 소재로 말하고, 소재로 기억하다

## 6장 소재 안에 깃든 미래

# 표준 주기율표

족
주기

표기법
원자 번호
**기호**
원소 이름

실온에서 상태
고체
액체
기체

| 주기 | 1 | 2 | | | 3 | 4 | 5 | 6 | 7 | 8 | 9 |
|---|---|---|---|---|---|---|---|---|---|---|---|
| 1 | **1**<br>**H**<br>수소 | | | | | | | | | | |
| 2 | **3**<br>**Li**<br>리튬 | **4**<br>**Be**<br>베릴륨 | | | | | | | | | |
| 3 | **11**<br>**Na**<br>소듐 | **12**<br>**Mg**<br>마그네슘 | | | | | | | | | |
| 4 | **19**<br>**K**<br>포타슘 | **20**<br>**Ca**<br>칼슘 | | | **21**<br>**Sc**<br>스칸듐 | **22**<br>**Ti**<br>타이타늄 | **23**<br>**V**<br>바나듐 | **24**<br>**Cr**<br>크로뮴 | **25**<br>**Mn**<br>망가니즈 | **26**<br>**Fe**<br>철 | **27**<br>**Co**<br>코발트 |
| 5 | **37**<br>**Rb**<br>루비듐 | **38**<br>**Sr**<br>스트론튬 | | | **39**<br>**Y**<br>이트륨 | **40**<br>**Zr**<br>지르코늄 | **41**<br>**Nb**<br>나이오븀 | **42**<br>**Mo**<br>몰리브데넘 | **43**<br>**Tc**<br>테크네튬 | **44**<br>**Ru**<br>루테늄 | **45**<br>**Rh**<br>로듐 |
| 6 | **55**<br>**Cs**<br>세슘 | **56**<br>**Ba**<br>바륨 | | 57-71<br>란타넘족 | **72**<br>**Hf**<br>하프늄 | **73**<br>**Ta**<br>탄탈럼 | **74**<br>**W**<br>텅스텐 | **75**<br>**Re**<br>레늄 | **76**<br>**Os**<br>오스뮴 | **77**<br>**Ir**<br>이리듐 |
| 7 | **87**<br>**Fr**<br>프랑슘 | **88**<br>**Ra**<br>라듐 | | 89-103<br>악티늄족 | **104**<br>**Rf**<br>러더포듐 | **105**<br>**Db**<br>더브늄 | **106**<br>**Sg**<br>시보귬 | **107**<br>**Bh**<br>보륨 | **108**<br>**Hs**<br>하슘 | **109**<br>**Mt**<br>마이트너륨 |

| 란타넘족 | **57**<br>**La**<br>란타넘 | **58**<br>**Ce**<br>세륨 | **59**<br>**Pr**<br>프라세오디뮴 | **60**<br>**Nd**<br>네오디뮴 | **61**<br>**Pm**<br>프로메튬 | **62**<br>**Sm**<br>사마륨 | **63**<br>**Eu**<br>유로퓸 |
|---|---|---|---|---|---|---|---|
| 악티늄족 | **89**<br>**Ac**<br>악티늄 | **90**<br>**Th**<br>토륨 | **91**<br>**Pa**<br>프로트악티늄 | **92**<br>**U**<br>우라늄 | **93**<br>**Np**<br>넵투늄 | **94**<br>**Pu**<br>플루토늄 | **95**<br>**Am**<br>아메리슘 |

← 금속성 증가

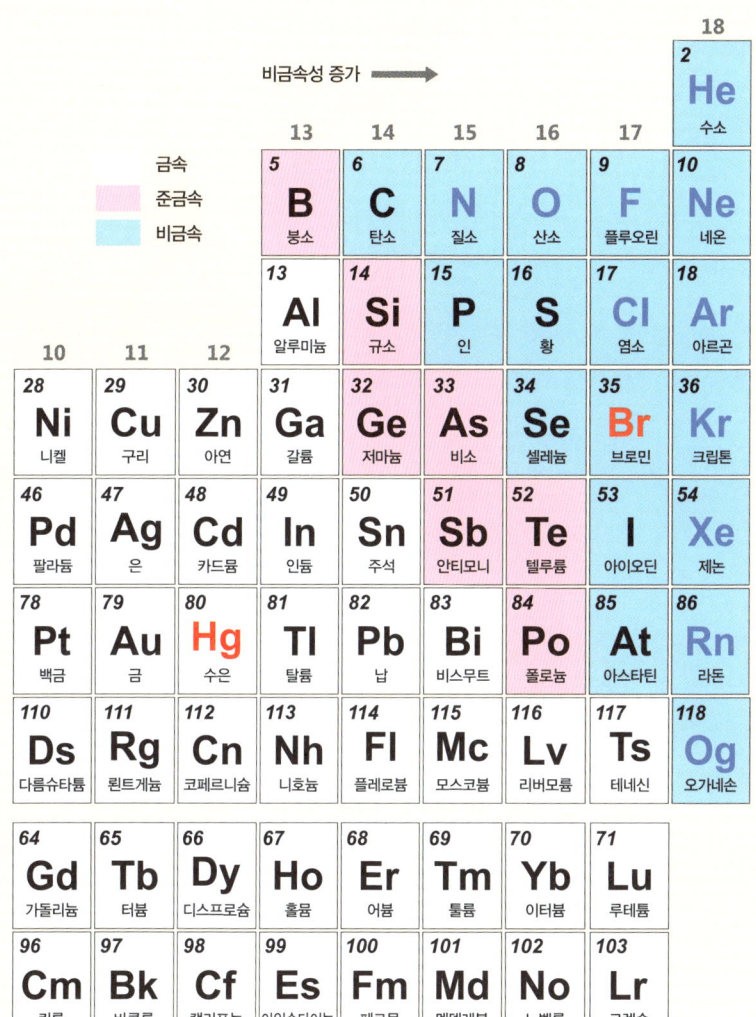

# 1장

## 소재 없이 인류 없다

# 소금으로 농사를
# 지을 수 있을까

신석기 시대, 건조한 지역에 살던 사람들은 사막 근처의 바위나 동굴의 벽 또는 말라붙은 호수 바닥에 허옇게 쌓인 더께를 눈여겨보았습니다. 더께를 긁어 와서 여기저기에 넣어 보았지요. 그런데 이 하얀 가루는 신통한 능력이 있었습니다. 어디에서 긁어왔는지에 따라 능력이 달랐던 거예요.

어떤 가루를 사용하면 옷감의 때가 잘 빠졌고, 어떤 가루는 땅에 뿌렸더니 농작물이 잘 자랐습니다. 가루에 따라 가죽을 상하지 않게 보존할 수도 있었고, 음식의 간을 맞출 수도 있었죠. 때로는 기침이 심하거나 가슴이 답답할 때, 배탈이 났을 때 먹으면 말끔하게 나았습니다. 만병통치약처럼요.

점차 사람들은 특정한 지역의 샘물을 끓여서 증발시키거나, 식물을 태운 재와 동물의 배설물을 섞는 방법으로 이러한 물질들을 직

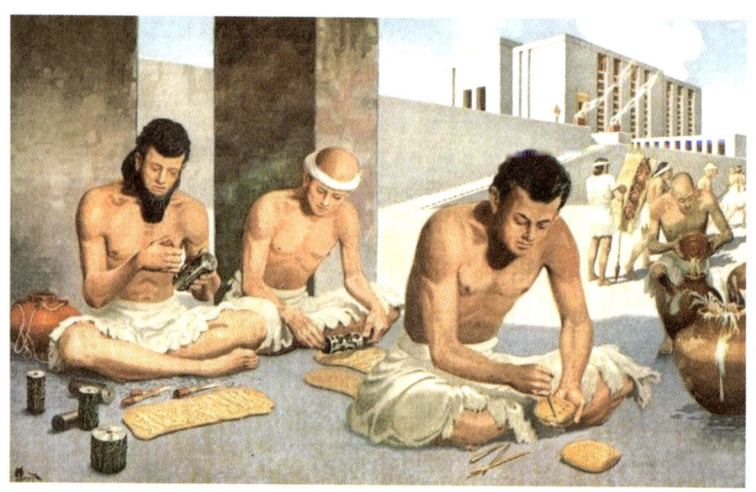
메소포타미아 지역에서 잿물과 동물성 지방으로 비누를 만드는 수메르인들

접 만들어 낼 수도 있음을 알게 되었습니다. 고대 문명의 발상지인
메소포타미아 지역에서는 나무를 태운 재에 물을 부어서 우려낸 물,
즉 '잿물'을 가지고 빨래를 했어요. 이것을 아랍어로 '알칼리al-qaliy'라
고 불렀습니다. 기원전 3000년 무렵부터는 잿물에 지방 성분을 섞어
비누를 만들어 쓰기도 했지요. 비누의 제조법은 기원전 2500년 수메
르 점토판에 쐐기 문자로 적혀 있는데, 이 기록은 화학 반응에 대한
기록 중 가장 오래된 기록이기도 해요. 단군 할아버지가 고조선을
세우기 이전부터도 인류는 상당한 수준의 화학 지식을 갖고 있었다
는 이야기입니다.

# 마법의 하얀 가루, 염!

앞서 언급한 물질들을 '염鹽, salt', 이라고 합니다. 이 용어를 보면 아마도 여러분은 우리말로 소금, 즉 짠 맛을 내는 조미료를 떠올릴 거예요. 그런데 이들이 그저 다 같은 소금일까요? 음식에 넣는 소금을 이야기할 때 우리말로는 '식염食鹽, table salt'이라고 하지요. 하지만 염이라는 말은 앞서 등장한 물질들을 모두 아우르는 용어로 사용됩니다. 염은 물에 녹아 있다가 물이 증발하고 나면 고체 성분으로 바닥에 남게 되는 물질들을 통틀어서 가리키는 말입니다. 중학교 과학 시간에 배우는 '질산염', '탄산염' 등이 모두 여기에 속하는데, 인류는 선사 시대부터 이런 염들을 자연에서 채취해서 사용했던 것이죠.

초등학교 과학 시간에 '산acid'과 '염기base'가 만나면 물과 고체 상태의 염이 만들어진다는 것을 배웁니다. 여기서 '염기'는 말 그대로

산성 물질　　　　염기성 물질　　　　　　　　　　　물
　　　　　　　　　　　　　　　　　　　　　　　　　　염

**중화반응**
산성 물질과 염기성 물질이 만나 서로의 성질을 없애고, 물과 염을 만들어 내는 반응이다.

'염'을 만들 수 있는 '기본 성분'이라는 뜻이죠. 그중에서 특별히 물에 잘 녹아 염을 생성하는 염기를 흔히 '알칼리alkali'라고 부릅니다. 대표적인 예로 염산과 수산화 소듐(과거에는 수산화나트륨으로 불렸습니다)이 만나서 물과 소금을 만들어 내는 반응이 있습니다. 이때 생성된 소금은 염, 수산화 소듐은 염기 중에서도 알칼리에 해당이 되겠지요.

## 염이라는 다양한 세계

통통마디

앞에서 언급했던 메소포타미아의 잿물을 기억하나요? 15세기 네덜란드에서는 토기로 만든 냄비에 재를 넣고 우려냈다고 해서 잿물을 '포타셴potaschen'이라고 불렀어요. 영어로 넘어오면서 '포타시pot-ash'가 되었죠.

한편 바닷가처럼 염분이 많은 토양에서도 잘 자라는 '통통마디'라는 식물이 있어요. 이들을 라틴어로 '소다눔sodanum이라고 불렀습니다. 소다눔을 태우면 소듐 성분이 풍부한 재를 얻을 수 있었죠. 이러한 재를 '소다회soda ash'라고 합니다. 고대 로마 시대에는 모래에 소다회를 섞어 유리를 만들기도 했죠. 사막 지역에서 소다회와 유사한 성분의 광물을 채취하기도 했는데, 이집트에서는 그것을 '나트론natron'♦이라고 불렀어요.

현대 사회에서는 소다회를 다양하게 사용하고 있어요. 소다회와 탄산수가 반응해 만들어진 '탄산 수소 소듐(과거에는 탄산수소 나트륨으로 불렀습니다)'은 '베이킹 소다baking soda'라고 불리죠. 베이킹 소다는 밀가루 반죽을 부풀게 하는 성질이 있어요. 이것을 구연산과 함께 물에 녹여 거품이 이는 음료를 만들었는데, 이를 '소다수'라고 부릅니다.

잿물과 석회석으로부터 만들어 낸 수산화 소듐은 일반적으로 '가성 소다caustic soda'라고 부릅니다. 비누를 만드는 핵심 원료죠. 우리나라에서는 서양에서 들어온 잿물이라는 뜻으로 '양잿물'이라고도 불러요. '가성苛性'은 물질이나 세포 조직을 깎아 내거나 삭게 하는 성질입니다. 그러니 가성 물질을 만지거나 마시면 아주 위험합니다. 이것으로부터 공짜를 좋아하는 사람을 빗대어 '공짜라면 양잿물도 마신다'라는 말이 나오게 된 것이죠. 그런데 지금까지 등장한 이름들이

---

♦ 나트륨의 어원은 나트론에서 유래했다. 나트론의 주성분이었던 나트륨은 미라를 만드는 데 쓰인 천연 소다 성분의 광물이었다. 처음 이 원소를 분리해 낸 험프리 데이비Humpry Davy는 이를 '소듐sodium'이라 이름을 붙였으나, 당시 유럽에서는 영어를 천시하고 라틴어를 고상하게 여기는 분위기가 강해 이 원소는 나트륨이라는 이름을 가지게 되었다. 이후 점차 영어권을 중심으로 원래의 이름인 소듐으로 변경되었다. 현재 대한민국 교과서에서는 소듐을 나트륨으로 표기하지만, 이 책에서는 대한화학회 화합물 명명법에 따라 소듐으로 표기한다.

익숙하지요? 우리가 배우는 많은 화학 원소들의 이름이 여기에서 비롯되었기 때문입니다.

여러 가지 염 중에서도 사람들의 흥미를 크게 끈 염은 '질산 포타슘(과거에는 질산 칼륨으로 불렸습니다)'입니다. 동물의 배설물과 사체가 화석화된 '구아노guano'에서 추출한 염이죠. 중국 사람들은 질산 포타슘을 사용해서 동물의 가죽이 썩지 않게끔 가공해 가죽 제품으로 제작하기도 했어요. 이러한 질산 포타슘을 '초석硝石'이라고 불렀습니다. 마치 설탕처럼 보이는 질산 포타슘은 '산소' 원자 3개와 '질소', '포타슘' 원자 1개로 이루어진 화합물입니다. 질소는 단백질을 합성하는 데에, 포타슘은 동물의 신경신호를 전달하고 식물이 광합성을 하는 데 사용됩니다. 이 원소들은 모두 생명을 유지하기 위해 꼭 필요한 존재들이지요. 질산 포타슘은 산속 바위 더미나 땅속에서 광물 형태로 발견되는 모습 때문에 'saltpeter'라고 부르기도 하는데, 여기서 'peter'는 돌이라는 뜻입니다.

암염

돌과는 반대로 바위를 뜻하는 'rock'이 'salt'에 붙으면 우리말로는 '암염巖鹽, rocksalt'이라고 번역됩니다. 이것이 지질학에서는 소금의 '광물명', 화학이나 재료공학에서는 소금의 성분인 '염화소듐(과거에는 염화나트륨이라 불

**염의 종류와 특징**

| 이름 | 구성 원소 | 특징 / 용도 | 별칭 / 관련 어원 |
| --- | --- | --- | --- |
| 탄산 수소 소듐 | 소듐, 수소, 탄소, 산소 | 탄산가스 발생, 소다수 제조, 반죽 팽창제, 소화기 약제, 소독제, 제산제, 세정제 | 베이킹 소다 |
| 탄산 소듐 | 소듐, 탄소, 산소 | 유리 제조, 연수제, 산도 조절, 세정제 | 소다회, 나트론에서 유래 |
| 수산화 소듐 | 소듐, 산소, 수소 | 비누 제조, 정유, 인조견 및 종이 제조, 알루미늄 제련, 표백제 및 염색제 | 양잿물, 가성 소다 |
| 질산 소듐 | 포타슘, 질소, 산소 | 비료, 화약, 무두질 (가죽 가공) | 초석, saltpeter |
| 염화 소듐 | 소듐, 염소 | 식용 소금, 방부제 | 암염 |

렸습니다)의 결정 구조(원자 배열 구조)'를 나타내는 이름입니다.

히말라야나 로키, 알프스 등 큰 산지에는 대규모 소금 광산이 있어요. 그중 우리에게 친숙한 곳은 알프스 자락에 있는 오스트리아의 잘츠부르크Salzburg입니다. 독일어로 '소금salz의 성burg'이라는 뜻이지요. 모차르트Wolfgang Amadeus Mozart의 고향이자 뮤지컬 영화 〈사운드 오브 뮤직〉의 배경으로 알려진 이 도시는 지역 산업인 소금의 생산과 유통을 보호하기 위해 11세기 무렵 세워졌다고 합니다.

**무두질**

동물의 가죽은 가만히 두면 썩는다. 옛날 사람들
은 가죽을 오래 쓰기 위해 가죽을 단단하게 만들
고 썩지 않게 가공했는데, 이를 무두질이라 한다.
질산 포타슘이니 낄신 소퓸은 박테리아의 활동을
억제해 썩는 것을 막아 주고, 염료 등 다른 약품
들이 잘 스며들도록 도와주기 때문에 무두질할 때
사용되었다. 사진은 모로코의 도시, 페스의 가죽
공장에서 무두질하는 모습.

# 화약은
# 위험하기만 했을까

'도교'를 아시나요? 도교는 기원전 4세기 노자가 쓴 도덕경에 뿌리를 둔 오래된 중국의 철학이자 종교입니다. 도교의 목표 중 하나는 '불로장생', 즉 늙지 않고 오래 살아서 신선이 되어 하늘로 오르는 것입니다. 도교의 수도자들에게는 마음의 수양 등 정신적 깨달음만큼 영원히 사는 것도 중요했죠. 이렇다 보니 도교의 수도자들은 의학, 약학, 연금술 등에 관심이 많았습니다. 도교의 수행 서적 중 하나인《주역참동계周易參同契》에는 '기묘한 불꽃을 내면서 타는 세 가지 물질'을 알아냈다는 기록도 있지요. 그 세 가지 물질이 무엇인지는 아쉽게도 문헌에 나타나 있지 않지만, 어떤 학자들은 '초석', '유황', '숯'으로 추정합니다. 기원후 4세기에는 초석을 가열하면 매우 독한 연기가 난다는 것도 밝혀냈습니다.

9세기 말, 당나라의 도교 수행자들은 불로장생의 영약을 만들기 위해 온갖 고약한 재료들을 섞어 보기 시작했습니다. 이를테면 박쥐 똥에서 뽑아낸 초석에 달걀 썩는 냄새가 나는 '유황', 뱀을 쫓는 데 썼던 '쥐방울덩굴' 등을 섞은 후 가열해 보았는데요. 갑자기 시커먼 연기와 함께 불꽃이 솟구쳤습니다. 수행자들은 화상을 입었고, 그들이 연구를 진행하던 집은 홀랑 타버렸죠. 영원한 생명을 누리려다가 오히려 사람 목숨을 앗아 갈 물질을 만들어 버린 것입니다. 이 물질이 바로 '화약火藥'입니다! 신선이 되기 위한 '약'을 만들다 탄생한 것이라 이름을 화약이라고 지은 것이죠.

## 산화제라는 명품 조연

화약을 만드는 재료 중에서 초석, 즉 '질산 포타슘'은 가장 중요하면서도 구하기 어려웠습니다. 그런데 질산 포타슘 혼자서는 불을 피울 수 없고 폭발도 하지 않습니다. 혼자서 아무것도 할 수 없는 질산 포타슘은 왜 중요할까요? 그것은 바로 기름이나 숯 같은 연료와 섞으면 마법 같은 일이 벌어지기 때문입니다.

물질이 타려면 언제나 산소가 필요해요. 땔감이 아무리 많아도 산소가 없으면 불이 붙지 않잖아요. 그래서 숯이나 장작에 불을 붙일 때 부채질을 하는 것입니다. 산소를 불어 넣어 주는 것이죠. 질산 포타슘의 화학식을 잘 보면, 구성하는 원자 다섯 개 중 세 개가 산소

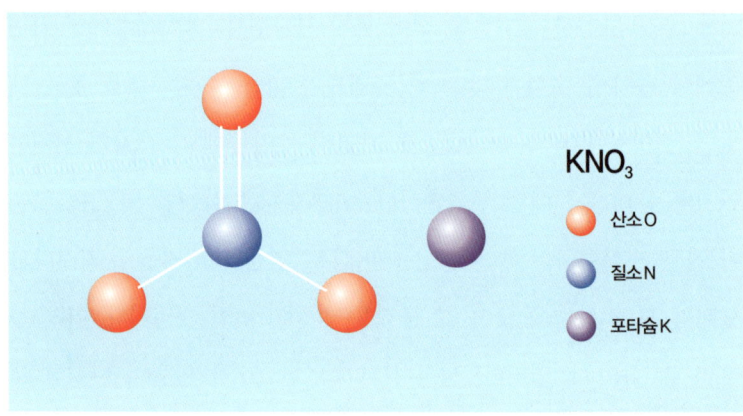

KNO₃

● 산소 O

● 질소 N

● 포타슘 K

질산 포타슘의 분자 구조 모델

원자입니다. 이 산소 원자들은 질산 포타슘이 일정 온도 이상으로 가열되면 쉽게 떨어져 나옵니다. 사람이 들이마시는 공기 중 산소는 20퍼센트도 안 되지만, 질산 포타슘에는 산소가 무려 60퍼센트나 있어요. 게다가 질소 주변에 산소 원자들이 따로따로 느슨하게 붙어 있기에 질산 포타슘은 부채질하는 것과는 비교도 안 될 정도로 산소를 바로바로 공급해 줄 수 있지요. 그래서 질산 포타슘을 연료가 될 만한 것과 섞어서 불을 붙이면, 순식간에 큰불이 일어납니다. 즉 화약을 발명할 수 있었던 것은, 잘 타는 연료가 아니라 잘 탈 수 있도록 도와주는 초석을 찾아낸 덕분이었던 것입니다.

산소를 잘 공급해서 연소를 촉진하는 물질을 '산화제'라고 합니다. 같은 땔감을 가지고서도 그저 모닥불이나 피우는 정도에 그치느냐, 아니면 로켓이나 다이너마이트처럼 상상을 뛰어넘는 에너지를

**까삼 로켓**
팔레스타인의 하마스가 이스라엘을 공격했을 때 사용했던 로켓 병기다. 까삼 로켓은 1930년
대 반유대 무장 투쟁을 벌였던 이슬람 성직자 이즈 앗딘 알 카삼의 이름에서 유래했다. 하마스
는 싸고 빠르게 만들기 위해 로켓 캔디 타입의 고체 연료를 까삼 로켓의 연료로 사용했다.

뿜어내게 하느냐를 좌우하는 것이 바로 산화제입니다. 결국 화약이
든 다이너마이트든 로켓 엔진이든 모두 연료와 산화제를 어떻게 조
합하는지에 따른 차이라고 볼 수 있겠습니다.

　넷플릭스 드라마 〈오징어게임〉을 보면 달고나가 나옵니다. 달고
나는 설탕에 베이킹 소다를 넣고 불 위에서 천천히 녹여서 만들죠.
그런데 설탕에 베이킹 소다 대신 초석 가루를 섞고 불을 붙이면 온
도가 무려 1350도 가까이 올라갑니다. 이것을 '로켓 캔디rocket candy'
라고 하는데요. 로켓 캔디는 값싸고 손쉽게 발사체를 만들 수 있다

는 장점 때문에, 취미로 로켓을 연구하는 아마추어 과학도들 사이에서 큰 인기를 끌었습니다. 안타깝게도 테러용 무기의 재료로 사용되고 말았지만요.

## 귀한 몸이 된 초석

화약이 발명된 이래 약 100년 동안 당나라는 평화로웠습니다. 그런데 당나라 뒤를 이은 송나라 때는 그렇지 못했습니다. 거란족이 세운 요나라와 여진족이 세운 금나라가 계속 송나라를 침공했기 때문인데요. 그래서 화약은 운명적으로 전쟁을 위한 무기로 점차 진화해 갔습니다. 12세기에 들어서자, 화약이 타면서 뿜어내는 가스의 추진력을 이용해 화살이나 쇠구슬을 멀리 날려 보내기 시작했습니다. 또한 가스를 순간적으로 터뜨려 충격파를 내게 하는 폭발물도 만들어졌지요.

13세기 칭기즈 칸Činggis Qan의 몽골 군대가 유라시아 대륙을 휩쓸고 다니면서 이 신무기들은 금세 유럽으로 전파되었습니다. 가스를 한 방향으로 밀어내기 위해서 딱딱한 종이 대롱이나 대나무통 안에 화약을 다져 넣었죠. 16세기 이탈리아 사람들은 그 모양이 물레의 실을 감는 굴대를 닮았다고 해서 '로께따rocchetta'라고 부르기 시작했습니다. 이 말이 독일어를 거쳐 영어로 넘어오면서 지금의 '로켓rocket'

**몽골의 로켓**
화포나 로켓 무기의 원형은 화약을 넣은 대나무통이다. 초기 로켓의 작동 원리는 화약을 연소시켜 가스를 팽창하게 해서 그 압력으로 대나무통 끝에 넣은 돌이나 쇠구슬 등을 날려 보내는 것이다.

이 되었습니다.

화약의 핵심 소재인 초석은 불꽃을 일으키는 물질이라고 해서 '염초焰硝'라고도 불렸습니다. 초석은 광물명, 질산 포타슘은 화학명, 염초는 이것을 주성분으로 하는 물질을 포괄적으로 이르는 용어지요. 염초는 귀한 소재였는데 동서양을 막론하고 너도나도 화약 무기를 만들다 보니, 전 세계적으로 부족해지는 '품귀 현상'이 일어납니다. 사람들은 염초를 얻기 위해 갖은 노력을 다하게 되었죠.

고려 말의 무신 최무선은 개성을 드나들던 상인 중 원나라 출신의 이원이란 자가 염초 굽는 기술을 가지고 있다는 사실을 알게 됩니다. 최무선은 이원과 친분을 쌓아서 마침내 염초 굽는 비법을 완전히 익히게 되죠. 원나라에 가서 화포를 만드는 법도 배워 오고요. 이후 최무선은 조정에 건의해 화통도감火筒都監을 설치하고 다양한 화약 무기를 만들어 예성강 하구에 출몰하던 왜구를 물리칩니다. 화통도감은 나중에 무기 제조를 총괄하는 관청인 군기시軍器寺에 흡수되어 조선시대까지 이어집니다.

군기시에는 '취토장取土匠'이라는 직책이 있었습니다. 이들의 임무는 염초 성분이 많이 들어 있을 법한 흙을 모으는 일이었습니다. 일반 백성의 집은 물론 고관대작의 저택이나 관청을 샅샅이 훑으며 처마 밑, 담벼락, 심지어 뒷간의 바닥에 깔린 흙까지 긁어모았지요. 이런 흙을 한 가마니쯤 정제하면 겨우 밥그릇 하나 정도의 염초를 얻을 수 있었다고 합니다.

미국 남북전쟁 때 남부군은 거름 밭에 염초 공장을 만들었습니다. 연인원 3만 명에 가까운 흑인 노예들이 동원되어 매일 짚 더미에 분뇨를 뿌리고, 그것을 뒤집어 주는 끔찍한 작업에 시달렸다고 합니다. 지루한 발효 과정을 거쳐 초석을 추출하고 정제하는 데는 무려 18개월이라는 긴 시간이 걸렸다고 하죠. 이마저도 초석이 완성되기 전에 전쟁이 끝나는 바람에 그만 헛수고가 되고 말았지요.

염초는 습기를 잘 빨아들이고 물에 쉽게 녹기 때문에 아무래도 습도가 높고 비가 자주 오는 지역에서는 생산하기가 어렵습니다. 그런

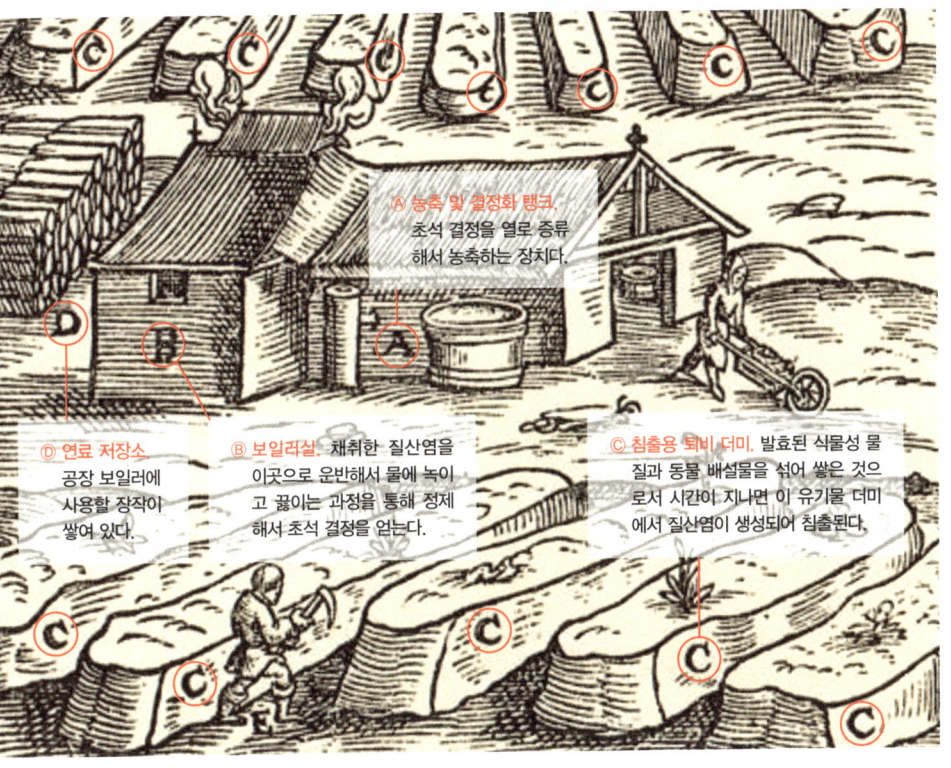

**1580년대 독일의 전형적인 초석 생산장**

발효 중인 식물과 배설물이 혼합되어 채워져 있는 침출조에서 작업자가 석출된 초석을 채취한 후, 이를 공장의 보일러로 옮겨 끓이는 과정을 통해 농축한다.

데 히말라야산맥과 가까운 인도의 북동부 파트나에서는 사정이 조금 달랐습니다. 장마로 인해서 강들이 한번 범람하기라도 하면 히말라야에서부터 물에 녹아 내려온 여러 가지 광물질 염들이 땅을 가득 덮었습니다. 우기가 끝나고 물이 마르면 딱딱한 염의 층이 만들어지는데 사람들은 이것을 퍼다가 비교적 손쉽게 초석을 정제해 낼 수 있었습니다.

19세기 영국의 빅토리아 여왕Queen Victoria 시절, 영국은 이러한 인도를 식민지로 만들고 동인도회사를 세웠습니다. 파트나 지역에는 대대로 소금 캐는 일을 하며 살아가는 사람들이 있었는데, 이들은 카스트 제도의 제일 말단에 있는 불가촉천민이었습니다. 그래서 영국 식민 정부와 동인도회사는 거의 공짜나 마찬가지인 이들의 노동력을 이용해서 염초를 풍족하게 조달할 수 있었어요. 이것을 바탕으로 무력을 키워 '해가 지지 않는 나라', 대영제국을 건설했습니다. 대영제국을 떠받친 것은 이름도 모를 하층민들의 피, 땀, 눈물이었답니다.

## 화약은 천사나 악마가 될 수 있다

소재는 누구 손에 들어가서 어떻게 쓰이느냐에 따라 사람들을 이롭게 하기도 하고 해악을 끼치기도 합니다. 화학을 연구하는 학자들 대다수가 사람을 해치려는 목적이 아니라 인류의 문명을 발전시킬 목적으로 화약을 연구했답니다.

산업혁명으로 증기기관차가 등장하면서 교통이 발달하자 사람들은 더욱더 적극적으로 자연을 개척했어요. 토목공사의 규모가 점점 커지다 보니 인간이나 동물의 노동력만으로는 개발에 한계가 있었습니다. 그래서 학자들은 화약의 폭발력을 이용하려 했습니다.

1847년 이탈리아 화학자 소브레로Ascanio Sobrero는 협심증 같은 심장병 치료제로 사용되었던 '나이트로글리세린'을 합성했습니다. 이것은 아예 연료와 산화제를 합쳐서 하나의 분자로 만들어 버린 것인데요. 이전의 화약에 비해 폭발력은 뛰어났지만 동시에 조금만 잘못 다루어도 바로 터져 버렸기 때문에 크고 작은 사고가 끊이지 않았습니다. 그러나 이 물질의 엄청난 잠재력을 알아본 노벨Alfred Nobel은 연구를 멈추지 않았어요. 1867년, 마침내 노벨은 안전하게 사용할 수 있는 '다이너마이트dynamite'를 발명합니다. 그 덕분에 거대한 산에 터

**다이너마이트**
노벨은 다이너마이트를 발명하고 "내 발명품이 평화 조약보다 더 빠른 평화를 불러올 것이다"라고 했다. 이는 '무시무시한 무기를 만들었으니, 전 세계 사람들이 두려워서 싸우지 않을 것이다'라는 생각에 했던 말이라고 한다.

널을 뚫고, 강줄기를 바꾸어 댐과 교량을 짓고, 땅속 깊이 묻혀 있는 지하자원을 캐내는 일이 가능해졌습니다.

인류는 여기에서 자신감을 얻이 하늘을 바라보기 시작했습니다. 1899년 어느 가을날, 열일곱 살 소년 로버트 고다드Robert Goddard는 벚나무 위에 올라가 지평선을 바라봅니다. 화성까지 날아가 지구를 내려다보는 상상을 하죠. 그는 대학에서 물리학을 전공하면서, 사람들을 해하려고 쏘는 로켓이 아닌, 우주를 향한 인류의 꿈을 키울 수 있는 강력한 로켓을 연구합니다. 《뉴욕 타임스》는 고다드의 시도를 비웃었습니다. 진공 상태인 우주에서는 로켓이 무용지물이 될 것이라면서요. 하지만 고다드는 산화제가 부리는 마법의 조화를 잘 다스리기만 하면 그 엄청난 힘이 우리를 우주로 데려가 주리라는 희망을 놓지 않았습니다. 그리고 마침내 한 번 불이 붙으면 더 이상 통제하기 어려운 화약 대신에, 휘발유를 연료로 하고 액체산소를 산화제로 사용해 추력을 조절할 수 있는 로켓을 고안해 냅니다.

1926년, 고다드가 개발한 최초의 액체 추진체 로켓 '넬Nell'이 땅을 박차고 솟아올랐습니다. 이 로켓은 12미터까지 상승해 2.5초 동안 56미터를 날아갔다고 하죠. 이후 개량을 거듭해서 1969년에는 '아폴로 11호'가 우주로 날아갔지요. 드디어 인류가 달 표면에 발을 내딛는 염원이 실현되었습니다. 고다드는 이 장면을 보지 못하고 일찍이 세상을 떠났지만, 아폴로 11호의 발사 다음 날 《뉴욕 타임스》는 3단에 걸친 정정 사과문을 게재했어요.

고다드가 개발한 세계 최초의 액체 추진체 로켓

**달 착륙에 성공한 최초의 민간 우주선**

아르테미스 계획은 2025년까지 달에 사람이 발을 내딛는 것을 목표로 한 미국의 달 탐사 계획이다. 미국 항공우주국NASA과 세계 각국의 우주 기구와 우주 관련 민간 기업들까지 연계된 거대 국제 프로젝트다. 이 사진은 NASA의 지원을 받은 우주 벤처 기어 일튜이티브 미션스기 개빌힌 필 삭륙선 Nova-C IM-1이 이륙하는 장면을 담고 있다. 2024년 2월 15일에 발사된 사진 속 달 착륙선은 달 표면에 연착륙한 최초의 민간 우주선으로 기록되었다.

우리나라도 1980년대부터 우주 강국이 되기 위해 많은 과학자와 과학도들이 차근차근 노력했습니다. 마침내 2022년 6월 21일 오후 4시, 누리호가 힘차게 날아올라 2차 시험 비행에 성공하죠. 1년 후인 2023년 5월 25일 오후 6시 24분, 누리호는 다시 한번 날아올라 실용 위성을 궤도에 올려놓았습니다. 고려 말 온갖 역경 속에서 염초 굽는 법을 알아내고 화약 무기를 만들어 왜구를 물리친 최무선 장군의 후예답죠. 액체 연료 로켓 개발에 도전한 지 20여 년 만에 순수 독자 기술로 만든 한국형 발사체를 쏘아 올리는 쾌거를 이뤄낸 것입니다. 누리호의 성공으로 말미암아 우리나라는 1톤 이상의 실용 위성을 궤도에 안착시킬 수 있는 7개국의 반열에 올랐습니다.

고다드는 "어제의 꿈은 오늘의 희망이자 내일의 현실이다"라는 명언을 남겼죠. 이 말처럼 오늘날도 이 땅에는 어제의 꿈을 희망으로 승화시키고 그것을 현실로 만들고자 묵묵히 구슬땀을 흘리는 연구자들이 있습니다. 그분들께 존경과 찬사를 보냅니다.

# 인류는 어쩌다
# 똥을 비료로 만들게 되었을까

질산 포타슘에서 산소가 떨어져 나가면 남는 것은 무엇일까요? 바로 질소와 포타슘입니다. 그런데 이 조합이 왠지 익숙하지 않은가요? 초등학교 과학 시간에 식물이 생장하는 데 가장 필요한 비료의 3요소가 '질소', '인', '포타슘'이라는 것을 배웠을 것입니다. 각각의 원소 기호의 첫 글자를 따서 'NPK'라고도 합니다. 이 중에서도 식물에게 가장 많이 필요한 원소는 질소와 칼륨이기 때문에 질산 포타슘은 아주 이상적인 비료가 됩니다.

아주 오래전부터 사람들은 동물의 배설물과 죽은 식물을 적당히 발효시켜 '두엄(거름)'을 만들었습니다. 이렇게 하면 그 안에서 소량의 질산 포타슘이 만들어지기 때문입니다. 이는 영화에서도 볼 수 있습니다. 브래드 피트Brad Pitt가 출연한 영화 〈마션〉에는 주인공이 화성에서 일 년 동안 생존하는 내용이 나오는데요. 척박한 화성의 흙을 퍼다가 자기의 배설물을 비료 삼아 토질을 개량해 감자를 재배하죠.

그런데 두엄을 만들던 인류에게 큰 위기가 닥치게 됩니다. 바로 16세기 이후 유라시아 대륙에 소빙하기가 닥쳐 농사를 제대로 지을 수 없을 정도로 추운 날씨가 오래 지속되었기 때문입니다. 더구나 이 시기는 유럽인들이 항해술을 발전시켜 신항로를 개척했던 '대항해 시대'이자, 이를 바탕으로 무역과 상업이 국제적으로 발달해 '자본주의'가 발달한 시기였습니다. 유럽의 경제가 크게 성장하면서 인구가 급격히 증가하고 있었죠. 사람이 많아지자, 부족한 식량을 조달하기 위해서 농작물을 심을 수 있는 밭을 한 뼘이라도 더 개간해야 했어요. 그런데 남아 있는 땅들은 석회질이 많은 척박한 토양이어서, 단순히 거름을 주는 것 이상의 대책이 필요했습니다.

## 새똥을 지켜라!

16세기 유럽의 열강들은 신대륙에 많은 식민지를 개척해 놓았습니다. 그중 스페인은 남미 대륙에 자리한 잉카 제국을 정복했죠. 잉카 제국이 자리했던 지금의 페루 일대는 안데스산맥과 사막 그리고 바다로 둘러싸인 곳입니다. 토질이 척박하기 그지없었고, 반복되는 엘니뇨와 라니냐 현상 때문에 변덕스러운 기후에 시달리는 곳인데요. 그럼에도 이 지역에서는 다양하고 품질 좋은 농산물이 생산되었습니다.

스페인은 이러한 잉카를 눈여겨보고는 점령해서 좋은 자원들을 독차지하려 했습니다. 그러다 스페인 정복자들은 잉카의 친차 제도를 지나면서 희한한 광경을 마주했어요. 원주민들이 바닷가나 산호초에 있는 새똥 무더기를 무슨 보물단지처럼 애지중지하는 모습이었죠. 그 이유를 몰랐던 정복자들은 곧 이것이 잉카의 비옥한 농업을 지탱하는 핵심 자원임을 알게 됩니다. 잉카 왕실의 소유지인 새똥 가득한 군락지는 왕의 허락을 받은 사람만 들어갈 수 있었거든요. 가마우지 등 바닷새를 사냥하거나 못살게 굴었다간 사형에 처하는 일도 있었습니다. 잉카가 친차 제도를 이처럼 보호한 이유도 모든 새똥이 자원이었기 때문입니다.

잉카의 백성을 먹여 살리는 새똥 무더기는 화석화되면서 구아노가 됩니다. 구아노는 최고의 토질 개량 비료인 질산 포타슘이죠. 잉카 사람들은 구아노를 캐 땅에 뿌려서 농사를 지었던 것입니다. 스페인은 이러한 구아노를 관심 있게 보았습니다.

이 사실이 서양에 알려지자, 영국의 과학자 험프리 데이비는 1813년에 구아노의 토질 개량 효과를 학문적으로 증명한 책 《농예화학 연구》를 출판합니다. 그의 연구에 주목한 유럽의 여러 나라들은 물론 미국에서도 구아노를 앞다투어 수입하죠. 이 새똥 무더기는 페루 국가 수입의 가장 많은 부분을 차지하게 되었고, 구아노의 중개 무역은 황금알을 낳는 거위가 되었습니다.

1870년에는 페루 내륙의 아타카마 사막에서 구아노와 비슷한 성

**구아노로 덮인 페루 발레스타스 섬**
구아노가 가치를 인정받자, 많은 나라가 친차 제도에 관심을 가졌다. 1800년대 후반에는 남미의 페루, 볼리비아, 칠레가 친차 제도를 두고 싸웠다. '새똥 전쟁'이라 불리는 이 전쟁으로 볼리비아는 바다를 잃고 내륙국이 되었다.

질을 가진 '질산 소듐(과거에는 질산나트륨으로 불렸습니다)' 암반이 발견되었습니다. 그래서 구아노의 대체제로 활용되기 시작했는데, 이 암반을 '칠레초석chile saltpeter'이라고 불렀습니다. 칠레초석은 구아노보다 효과가 빠르고, 품질이 균일하다는 장점이 있기에 구아노를 대체할 수 있었죠. 이러한 구아노와 칠레초석 덕분에 유럽의 농작물 수확량은 급격히 늘어나서, 소빙하기가 저물어 갈 무렵 유럽의 인구는 오히려 증가했습니다.

## 식량 문제의 마스터키, 비료

세상에 존재하는 모든 것은 아무리 귀하고 훌륭해도, 지나치면 도리어 위협이 되어 갈등을 키울 수 있습니다. 구아노 역시 많은 사람이 찾게 되자, 이를 두고 싸움이 벌어졌어요. 유럽 정복자들은 구아노가 더 있을 법한 곳을 찾아 중남미와 아프리카, 동남아시아 할 것 없이 세계 곳곳을 들쑤시고 다녔습니다. 19세기 말 제국주의 열강들은 새로운 식민지 개척에 더욱 열을 올렸어요. 바다에서는 금은보화가 아닌 새똥을 노리는 해적들이 출몰했죠. 칠레는 구아노를 노리고 볼리비아와 페루를 침공해서 아타카마 사막을 점령해 버렸습니다. 그래서 여기서 생산되는 질산 소듐도 페루초석이 아니라 칠레초석으로 불리게 된 것입니다.

이처럼 전 세계 국가들이 자원을 두고 많은 갈등을 벌였습니다. 그런데 유럽의 다른 나라들에 비해 늦게 국가를 통일했던 독일은 식민지가 거의 없었습니다. 과학기술의 힘으로 이를 해결하려고 노력하는 수밖에 없었죠. 마침내 1909년 독일의 화학자 하버Fritz Haber는 질소와 수소를 가지고 '암모니아'를 합성하는 데 성공합니다. 하버는 이 공로로 노벨화학상을 수상했어요.

화학비료의 발명은 인류 역사에 한 획을 그은 혁신입니다. 식물은 절대로 공기 중의 질소 그 자체를 양분으로 활용할 수 없어요. 대신 땅속의 미생물들이 질소를 암모니아로 바꾸어 주고 다른 미생물들이 다시 '질산염'으로 바꾸어 준 후에야 질소는 비로소 식물에 흡수됩니다. 이 중에서 인간이 과학의 힘을 빌려 모방하기 가장 어려운 단계가 맨 첫 순서인 암모니아를 합성하는 것인데, 이것을 하버가 실험실에서 재현해 낸 것이죠. 여담으로 21세기에 사는 우리 몸속에 있는 질소 화합물 중 절반가량은 암모니아 합성법으로 만든 비료를 먹고 자란 식물로부터 온 것이라고 합니다.

질소가 포함된 비료는 물에 잘 씻겨 내려가기도 하고 공기 중으로 증발해 사라지기도 하기에 가장 많은 양이 필요합니다. 하버 덕분에 암모니아를 인공적으로 합성하게 되면서 대표적인 질소 비료인 '질산 암모늄'을 공장에서 대량으로 생산할 수 있게 되었습니다. 그런데 농작물을 잘 자라게 하는 역할만 있는 줄 알았던 이 물질은 다른 분야에도 영향을 미치게 됩니다.

**비료의 발명**

하버가 발명한 암모니아 합성법으로 만든 비료는 전 세계 농작물 생산량을 비약적으로 증가시켰다. 비료를 사용하지 않은 왼쪽 밭과 비교하면, 오른쪽 밭에서는 농작물이 눈에 띄게 활발하게 자란 것을 볼 수 있다. 이러한 성과로 하버는 "공기로 빵을 만들어 냈다"라는 찬사를 받았다.

질산 암모늄은 300도 이상으로 가열되면 질소, 산소, 수증기로 산산이 분해되어 부피가 급격히 팽창해요. 여기서 내뿜는 산소와 뜨거운 열기가 다시 연쇄적으로 연소를 촉진하는 '열폭주 현상'을 일으키죠. 질산 암모늄은 비료폭탄이라고 하는 폭발물의 원료가 되었습니다. 분명히 비료 개발에 사용되었던 같은 물질인데, 질산 암모늄은 때로는 인류를 기근으로부터 구원하는 천사의 모습으로, 때로는 잔인한 살육과 파괴를 자행하는 악마의 모습으로 인류를 놀라게 했

**아우슈비츠 가스실의 벽**

나치는 아우슈비츠 수용소에서 유대인 150만 명에 이르는 사람을 살육했다. 사진은 가스실의 벽으로, 손톱으로 긁은 자국들이 선명하게 남아 있다. 하버가 개발한 독가스는 유대인을 살상하는 데 사용되었고, 유대인들은 마지막 순간까지 견딜 수 없는 고통을 벽에 기록했다.

습니다. 하버의 발명은 도리어 많은 사람의 목숨을 앗아간 원흉으로 전락했지요. 게다가 유대인이었던 그는 앞장서서 화학 무기를 만들었고, 전범으로 낙인찍혔습니다. 그의 유대인 친척 또한 아우슈비츠 수용소에서 사망했다고 하죠.

이처럼 비료가 가진 힘은 여러 방면으로 엄청났습니다. 비료 공장은 농업뿐만 아니라 군사적으로도 큰 의미를 가지게 되었기 때문이죠. 개발도상국들은 국방과 경제의 두 마리 토끼를 잡기 위해서 중화학공업을 일으키고자 할 때 가장 먼저 비료 공장을 짓게 되었습니다.

# 석유로 어떻게
# 우주를 정복할 수 있었을까

1800년대 초의 어느 날, 미국 미시시피강의 가장 큰 지류인 오하이오강에서는 수십 킬로미터에 걸쳐 강물 위로 불꽃이 타오르는 진풍경이 벌어졌습니다. 인근에서 소금을 생산하던 사람들이 소금우물◆에서 솟아난 '쓸모없는' 갈색 액체를 강에 흘려 버렸는데 거기에 그만 불이 붙은 것이죠.

미국인들은 영국의 식민지였던 시절에 영국이 소금 공급을 통제하는 바람에 엄청난 고통을 겪었어요. 게다가 영국은 미국에 지나치게 많은 세금을 징수했지요. 이에 반발한 미국은 '보스턴 차 사건 Boston Tea Party'을 일으키게 됩니다. 보스턴 항에 정박했던 배에 실린

◆ 소금우물
내륙 지방에서는 염분이 있는 지하수 수맥을 찾아내거나, 소금 바위로 이루어진 지반에 물을 주입해 소금물을 뽑아 냈다. 여기서 소금물이 괴어 있는 장소가 소금우물이다.

홍차를 바다에 버린 사건이죠. 이에 더해서 영국이 미국에게 소금을 공급하지 않은 것도 독립 혁명에 큰 영향을 끼쳤습니다. 이러한 이유로 미국인들은 소금이라면 무슨 수를 써서라도 자급자족해야 한다는 열망이 가득했어요. 그리고 미국이 영국으로부터 독립한 지 얼마 되지 않은 이 무렵, 소금 생산은 미국의 기간 산업이었습니다.

그런데 때때로 소금우물에서 소금물과 함께 갈색 액체가 솟구치곤 했습니다. 소금 제조업자들은 이 찐득하고 미끈거리는 액체를 아주 증오했죠. 소금을 오염시켜 생산에 차질을 가져온다고 여겼기 때문인데요. 그러나 이 갈색 액체는 얼마 안 가 신데렐라처럼 주목받게 됩니다. 이것은 바로 '석유'였거든요.

1850년대가 되면서 미국 동부 일대는 석유를 찾아내기 위해 여기저기 땅속을 쑤시고 돌아다니는 사람들로 북적거렸어요. 이 시기 미국에서는 석유를 찾아 혈안이 된 현상을 '오일 러시Oil Rush'라고 불렀습니다. 같은 시기에 미국 서부 캘리포니아에 금광을 찾아 사람들이 몰려든 '골드 러시gold rush'에서 비롯된 표현이에요. 1859년 펜실베이니아에서 유전이 개발되고, 세계적인 대부호로 유명한 록펠러John D. Rockefeller가 정제 및 유통 산업을 일으키면서 석유는 황금알을 낳는 거위가 되었습니다.

그런데 애초에 소금 생산업자들이 세계사 공부를 조금만 더 열심히 했더라면, 이 막대한 부를 독점했을지도 모릅니다. 서기 347년에 이미 중국의 소금업자들이 소금우물 근처에서 석유를 채굴했었거

**석유**

석유는 지하에서 생성된 액체, 기체, 고체 상태의 탄화수소 혼합물이지만, 보통 액체 및 기체 상태의 원유를 말한다. 자연적으로 발견되는 석유는 거의 액체 상태로 존재한다. 석유를 시추하게 되면 사진처럼 하늘로 솟구치는 모습을 볼 수 있다. 사진은 1894년 오하이오 주 오레곤의 석유 시추 장면이다. 나무들 사이로 솟아오르는 액체가 바로 석유다.

든요. 그들은 대나무 끝에 쇠 날을 붙여 만든 드릴로 약 240미터 깊이의 구멍을 뚫어 석유를 뽑아 올렸죠. 그리고 이것을 연료로 삼아 소금물을 증발시켜 소금을 생산했습니다. 그뿐만 아니라 대나무 파이프로 송유관을 만들어 멀리 떨어진 소금 공장까지 보내기도 했답니다.

## 고래 멸종을 막은 석유

석유는 짧은 기간 안에 평가가 바뀐 소재입니다. 현대에는 지구 온난화와 환경 오염의 주범으로 눈총을 받는 대표적 화석 연료이지만, 19세기 중반만 하더라도 환경의 구원자로 기대를 모았죠. 가장 큰 이유는 '등잔용 연료' 때문이었습니다. 등잔을 사용할 때 재는 물론 연기도 나오지 않아야 하고 조금

등잔

씩만 태워도 환한 빛을 내야만 했어요. 그래서 아무 기름이나 쓸 수 없었죠.

18세기 이후에는 향유고래의 머리 부분에서 채취한 고래기름인 '경랍鯨蠟'이 가장 선호되었습니다. 산업혁명이 일어나자 기계를 돌리기 위한 윤활유로 경랍을 더 많이 쓰게 되었지요. 이러한 상황에서 향유고래는 멸종 위기에 처했고 경랍의 가격은 2배 이상 뛰었습니다.

1846년에는 캐나다의 지질학자 게스너Abraham Gesner가 석탄에서 맑은 액체를 분리해 내는 데 성공했습니다. 이 액체는 조명용으로 안성맞춤이었어요. 그는 여기에 양초의 주성분인 기름, 즉 밀랍이라는 뜻의 그리스어 'keros'를 따서 '케러신kerosene'이라는 이름을 붙였습니다. 우리말로 변역하면 '등유'입니다.

이어서 1851년 미국의 사업가 키어Samuel Martin Kier가 화학자들의 도움을 받아 석유로부터 캐러신을 정제해 냈는데, 그는 캐러신을 '카본 오일carbon oil'이라고 불렀어요. 키어는 미국 석유 산업의 창시자이자 '석유 산업의 아버지'라고도 불립니다. 하지만 그는 소금 공장을 운영하면서 석유를 강에 흘려보냈던 장본인 중 한 명입니다.

## 석유는 흉터를 메우고

석유 젤리는 화학자 체스브로Robert Chesebrough가 발명했습니다. 그는 경랍에서 등잔용 연료를 정제하는 일을 했었지요. 그런데 원료가 경랍에서 석유로 바뀌는 바람에 일감이 떨어졌습니다. 체스브로는 석

**바세린**

체스브로는 굴착 장치의 이물질에서 '로드 왁스'라는 성분을 발견했다. 로드 왁스는 보습에 탁월해서 주름을 개선하고 상처를 보호하는 데 도움을 주는 성분이다. 체스브로는 이 성분에 집중해 지금의 바세린을 만들었다.

유로 할 수 있는 새로운 일거리를 찾으러 유전에 답사를 갔는데요. 거기서 굴착 장치에 왁스 같은 이물질이 계속 엉겨 붙었기에 이를 수시로 청소해야 한다는 사실을 알았습니다.

그런데 굴착 기사들이 화상을 입거나 칼에 베인 곳에 이것을 약 대신 바르는 것이 아니겠어요? 체스브로는 이것을 실험실로 가져와 정제해서 흰색의 젤을 얻었어요. 그는 독일어로 물을 의미하는 'Wasser', 그리스어로 기름을 의미하는 'elaion'을 합쳐서 '바세린 Vaseline'이라는 이름을 지었습니다. 그는 자신의 제품을 홍보하기 위해 사람들 앞에서 성냥이나 산acid으로 자기 피부에 직접 상처를 내고 바세린을 발라 보이기까지 했답니다. 또 샘플을 공짜로 나눠 주기도 했는데, 이것이 판촉용 무료 샘플의 시초입니다.

# 폐기물에서 세계의 주역이 된 휘발유

자동차 연료인 '휘발유gasoline'는 우리에게 익숙한 기름입니다. 석유를 증류할 때 등유보다 낮은 온도에서 먼저 증발하는 물질이 휘발유죠. 석유란 원래 한 가지 물질이 아니라 여러 가지 성분이 섞여 있는 것인데요. 석유를 가열하면 끓는점이 낮은 순서대로 액화석유가스

**끓는점에 따른 석유의 성분 분류**

| | | |
|---|---|---|
| 액화석유가스 | 10도 이하 | |
| 휘발유 | 30~100도 | |
| 나프타 | 100~180도 | |
| 등유 | 180~250도 | |
| 경유 | 250~350도 | |
| 중유 | 350도 이상 | |
| 윤활유 | 잔여물 | |
| 아스팔트 | 잔여물 | |

LPG, 휘발유, 나프타, 등유, 경유, 중유가 차례로 증류되어 나옵니다.

원유에서 분리해 낸 서로 다른 기름들은 쉽게 구분할 수 있도록 다른 색깔의 용기에 넣어 사용해요. 미국 캘리포니아에서는 법으로 규정되어 있습니다. 휘발유를 사용하는 경우는 빨간색, 등유는 파란색, 디젤 엔진은 노란색으로 지정되어 있지요. 우리나라에서도 주유소의 주유기를 자세히 보면 휘발유와 경유의 색이 다르게 되어 있을 거예요.

그런데 휘발유는 너무 쉽게 불이 붙고 잘못하면 폭발하는 특성이 있어요. 예전에는 이러한 특성 때문에 쓸데없는 폐기물로 여겨졌답니다. 그러다 1876년 독일의 공학자 오토Nikolaus Otto가 내연기관인

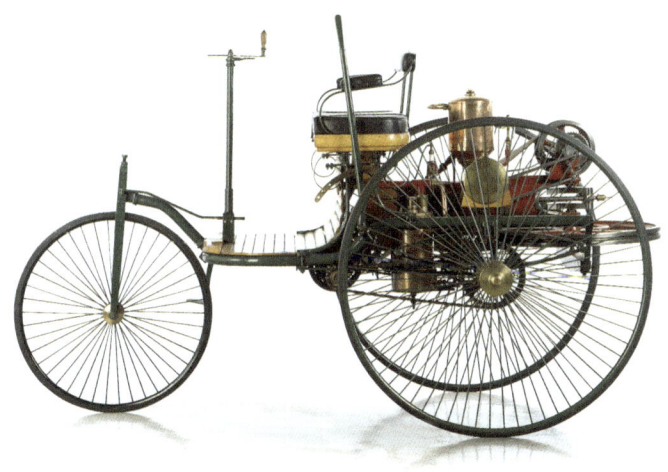

**최초의 내연기관 자동차**
사진의 벤츠 페이턴트 모터바겐은 1886년에 독일의 카를 벤츠Karl Friedrich Benz가 제작한 세계 최초의 내연기관 자동차다. 벤츠는 자동차에 가솔린 엔진을 처음으로 장착하면서 내연기관 자동차 시대를 열었다.

가솔린 엔진을 개발하면서 휘발유는 갑자기 주목받게 됩니다.

내연기관이란 엔진 바깥의 보일러에서 연료를 때는 증기기관과는 다른 방식으로 에너지를 만들어 내요. 그래서 증기기관을 외연기관이라고도 부르죠. 반면에 내연기관은 엔진 안에 직접 연료를 불어넣고 연료를 태워 에너지를 얻습니다. 연료와 공기가 만나 폭발해 피스톤을 밀어 움직이기에 빠르게 움직일 수 있는 장점이 있어요. 내연기관의 발명으로 자동차, 오토바이, 잠수함, 항공기 등 새로운 형태의 운송 수단이 연달아 탄생하게 됩니다.

## 우주까지 정복한 플라스틱

20세기가 시작되면서 석유 산업의 규모는 비약적으로 늘어났죠. 석유를 정제하는 기업들은 가공하고 남은 막대한 양의 부산물을 어떻게든 재활용해서 이윤을 더 남기려고 했습니다. 기업들은 당시 과학자들도 제대로 이해하지 못하던 '고분자 구조'◆라는 것에 관심을 가

---

◆ 고분자macromolecule

고분자는 작은 분자들이 연결되어 분자량이 1만 이상으로 큰 분자를 형성한 것을 뜻한다. 고분자 물질의 가장 대표적인 예가 중합체polymer인데, 단량체monomer라고 하는 단위 분자들이 반복적으로 연결되어 만들어진다. 여기서 'poly'와 'mono'는 각각 '많은', '홀로'라는 뜻이다. 플라스틱은 인공적으로 합성해 낸 고분자로서, 수많은 단량체 분자들을 서로 이어 붙여 만들기 때문에 단위 분자의 이름 앞에 'poly-'라는 접두사를 붙여서 이름을 짓는다.

지기 시작했지요. 고분자 구조는 20세기 초반에 조금씩 알려지기 시작했는데요. 미국과 유럽에 있던 굴지의 화학 회사들은 고분자 연구를 적극 지원했습니다. 면화, 비단, 가죽, 나무, 산호, 상아 등 천연 소재들이 가지고 있는 고분자 구조를 분석해서 필요한 소재를 분자 단계에서부터 설계해 재구성하고자 한 것입니다.

천연 소재들은 사육이나 재배에 시간을 많이 써야 하고, 생산량도 마음대로 늘릴 수 없어 수익을 내는 데 한계가 있었는데요. 거의 공짜나 다름없는 석유 폐기물을 가지고 천연 소재를 모방할 수 있다면, 자연에 의존할 필요도 없고 생산 비용도 크게 절감할 수 있기에 화학 회사들은 고분자 연구를 지원한 것입니다.

결국 과학자들은 고분자에 매달린 끝에 20세기를 대표하는 소재인 '플라스틱plastic'을 발명하게 됩니다. 플라스틱은 실생활에서 겪는 어려움을 해결하는 데 쓰였고, 우주 산업에도 활용되었어요.

우리나라 기준으로 전체 석유 소비량의 약 40퍼센트가 운송용 연료로 사용됩니다. 그보다 훨씬 많은 약 60퍼센트가 합성수지◆, 합성섬유, 합성고무 등을 만드는 데 쓰입니다. 석유는 모든 의식주에 적용되는 자원이지요. 현대 문명 사회는 석유에 크게 의존하고 있습니

---

◆ 합성수지
석유, 석탄 등을 원료로 나뭇진(수지)을 모방해서 인공적으로 만든 고분자 물질이다. 천연수지와 합성수지는 물리적 성질이 유사하나 화학적 성분은 다르다. 대개 '모양을 자유롭게 만들 수 있다'라는 뜻의 '플라스틱'이란 말과 구분 없이 쓰인다.

최초의 인조 플라스틱은 1856년에 영국에서 만들어진 파크신psrkesine으로서 식물성 섬유소를
화학처리한 것이다. 이는 상업적으로 성공하지 못했지만 몇 년 후 미국에서 유사한 소재가 발
명되어 셀룰로이드celluloid라는 상표명으로 크게 성공했다. 1907년, 레오 베이클랜드Leo Hendrick
Baekeland가 석탄을 가공할 때 나오는 부산물들을 가지고 합성한 인조 플라스틱인 베이클라이
트bakelite를 개발해 특허를 받으면서 전 세계적으로 주목받게 되었다. 베이클라이트는 전기가
통하지 않고, 열에 강하며, 원하는 모양으로 쉽게 만들 수 있다. 그래서 다양한 제품에 활용되
었고 산업 발전에 큰 영향을 미쳤다. 사진은 실험실에서 베이클라이트를 테스트하는 장면.

다. 산업혁명은 총 4번의 변화를 겪었는데, 1870년대부터 1914년까지 있었던 2차 산업혁명의 가장 큰 특징은 인류가 석유를 본격적으로 광범위하게 사용하기 시작했다는 것입니다. 그러나 20세기 후반부터 석유의 고갈 가능성이 제기되었어요. 그리고 환경 문제에 시선이 쏠리면서, 석유는 어느새 눈총받는 신세로 바뀌었습니다.

## 석유와 환경의 공존

1980년대부터 이미 약 40년 후면 석유 자원이 고갈되리라는 예측이 줄곧 이어져 왔는데요. 재미있는 사실은 그로부터 40년 이상 지난 2020년대에도 석유가 고갈되기까지 남은 기한이 오히려 늘었으면 늘었지 결코 줄어들지 않았다는 점입니다. 과거에 사람들의 발길이 닿지 못했던 새로운 지역의 유전들이 계속 발견되고, 시추 및 채굴 기술의 발달에 힘입어 경제성이 없던 유전에서도 효율적으로 석유를 생산할 수 있게 되었기 때문이죠. 그래서 일부에서는 앞으로 최소 200년 이상 인류는 석유 자원을 주 에너지원으로 사용하게 되리라고 예측하기도 합니다. 석유 회사들도 자신들이 살아남기 위해서 최소 약 50년 앞을 내다보고 계속 개발을 이어 나가고 있고요.

또한 석유로부터 생산해 낸 플라스틱 소재가 환경을 오염시킨다는 지적이 이어졌습니다. 플라스틱이 쉽게 불에 타고 자연에서 분해

### 생분해성 플라스틱

생분해성 플라스틱은 자연에서 분해될 수 있는 친환경 플라스틱이다. 일회용품, 농업 등 다양한 분야에서 지속 가능한 대안으로 떠오르고 있다. 석유로 만든 고분자라도 분자가 미생물이 분해할 수 있게 설계되어 있다면 충분히 자연에서 분해될 수 있다. 대표적인 생분해성 플라스틱으로는 '멀칭 필름'이 있다. 사진에서 보이는 검은색 멀칭 필름은 땅 위에 까는 얇은 비닐 같은 필름으로 'PBAT Polybutylene adipate terephthalate'라는 소재로 제작된다. 멀칭 필름은 잡초 생장을 막고 수분을 유지하며 온도를 조절하는 역할을 한다. 농작물 수확 후 걷어내지 않아도 땅에서 분해된다.

가 되지 않으며, 강도가 약해 '미세 플라스틱'◆을 많이 발생시킨다는 단점들이 나타나고 있죠. 그러나 '기능성 고분자'라는 새로운 플라스틱 소재가 등장해 플라스틱의 체면을 살리고 있습니다

기능성 고분자란 특정 환경에서 특별한 물리적, 화학적, 생물학적 기능을 수행하도록 설계된 고분자 물질입니다. 단순히 가볍고 저렴하다는 플라스틱의 개념을 넘어, 스마트한 재료로 플라스틱의 역할을 확장시키는 역할을 하죠. 환경도 신경 쓰는 소재를 만들 수 있는 핵심 소재인 셈입니다.

이처럼 석유의 쓰임새가 오히려 많아졌습니다. 전기가 잘 통하는 전도성 플라스틱이나 철사보다 더 강한 케블라/아라미드 섬유 같은 플라스틱들도 석유가 아니고서는 만들어 낼 수 없는 소재입니다.

각종 석유 화학 제품은 그 탄생 배경에 천연 소재를 대체해 자연의 무분별한 훼손을 막고자 하는 목적이 있었습니다. 종이 대신 플라스틱 필름을 사용하고 목재 대신 발포수지를 사용한 덕분에 인류는 울창한 숲을 보존할 수 있었죠. 또 금속을 대체하는 강화 플라스틱 덕분에 연료 소모량이 줄었어요. 게다가 플라스틱을 발명한 뒤로 마찰, 마모에 의한 대기 오염이나 폐수 발생에 의한 수질 오염이 줄

◆ **미세 플라스틱**
플라스틱 제품이 분해되는 과정에서 생기는 길이가 1마이크로미터에서 5밀리미터 사이의 아주 작은 플라스틱 조각이다. 작고 눈에 띄지 않는 이 조각들은 잘 썩지 않으며, 공기 중의 유해 화학 물질을 끌어당기고 수백 년 동안 분해되지 않아 환경 오염의 주요 원인 중 하나로 지목되고 있다.

어들었다는 긍정적인 측면도 있습니다.

　우리가 사는 세상은 항상 돌고 도는 것이라고들 하지요. 또한 세상 만물은 어두운 면과 밝은 면을 동시에 가지고 있습니다. 문제점을 인식하는 것 못지않게 중요한 것은 절제와 균형을 통해 해결책을 찾는 묘수가 아닐까요. 플라스틱 사용 또한 마찬가지겠지요. 장점을 늘리고 단점은 줄이는 방식으로 문제를 해결해 나가는 것이 인류가 나아가야 할 방향이라고 생각합니다. 그러니 플라스틱이 나쁘다고 단정 짓기보다는, 어떻게 사용해야 할지 스스로 고민해 보는 태도를 기르면 좋겠습니다.

# 금으로도
# 사람을 살릴 수 있을까

금gold은 금속 중에서 속담이나 격언에 가장 많이 인용되는 소재입니다. 아예 격언을 다른 말로 '금언金言'이라고도 하죠. 이처럼 금은 금속 중에서 가장 유명하지만, 막상 소재로서의 존재감은 미미합니다. 어디에 쓰이는지 생각해 보면 장신구 이외에는 딱히 생각나는 것이 없을 정도니까요.

그렇지만 금은 인류가 가장 오래 전부터 사용한 단짝 같은 금속입니다. 공기 중의 산소나 수분과 반응하지 않아서 녹슬거나 변하지 않기 때문이죠. 이 말은 다른 금속과는 다르게 자연 상태에서도 순수한 금

자연금

의 형태로 존재할 수 있다는 말입니다. 군이 암석을 캐서 제련하는 복잡한 과정을 거치지 않아도 되는 것이지요. 또한 독특한 노란 빛으로 반짝거리기 때문에 쉽게 눈에 띄었습니다.

금의 화학 기호는 'Au'인데, 이것은 라틴어로 금을 나타내는 'aurum'의 두 글자를 딴 것입니다. 글자가 왠지 익숙하지 않은가요? 흔히 '아우라'라고 발음하는 '후광aura'이 바로 여기서 나온 말이지요. 그리고 '오로라aurora' 역시 여기에서 나온 말인데, 원래는 동쪽 하늘이 노란빛으로 물들어 오는 새벽을 가리키는 말이었습니다. 황금률golden rule, 황금비golden ratio, 황금기golden age도 금에서 유래한 말이죠. 이처럼 금은 종종 완벽하고 고귀한 것을 나타내는 표현으로 사용됩니다.

## 왕관과 권력은 무겁고 물러서

금이 장신구 소재로 자주 사용된 이유는 햇빛을 닮은 광채와 시간이 지나도 변하지 않는 '영속성' 때문입니다. 그것뿐만 아니라, 무엇보다도 가공하기 쉬울 만큼 매우 무른 성질도 한몫합니다. 금은 역설적으로 너무 무르고 비싸서 일상생활용 도구로 만들 수 없으나, 장신구로서는 제격이지요. 금은 길게 잡아 늘일 수 있는 '연성'과 얇게 펼 수 있는 '전성'이 금속 가운데 가장 우수합니다. 신라 천마총

**국보 제188호 천마총 금관**

높이 32.5센티미터, 지름 20센티미터의 천마총 금관은 3개의 山자형 모양과 2개의 사슴뿔 모양이 금관 테에 달려 있고, 금관의 앞부분에 옥과 달개가 달려 있다. 발견 당시 무덤의 피장자 턱까지 씌워진 채로 발견된 점으로 보아, 학자들은 일상에서 사용한 금관이 아닌 제례 용품에 가깝다고 추측했다. 국립경주박물관 재질 조사 결과 금의 함량이 83.5퍼센트인 합금으로 판명되었다.

금관의 정교한 장식도 소재가 금이었기 때문에 가능한 것이었지요.

그런데 신라의 천마총 금관을 포함해서 실제로 과거의 왕들이 금관을 얼마나 자주 쓰고 다녔을지에 대해서는 의문이 듭니다. 금은 같은 부피의 구리보다는 약 2.2배, 철보다는 약 2.5배 더 무겁습니다. 셰익스피어William Shakespeare의 희곡《헨리 4세》에서 나오는 "왕관을 쓴 머리는 불안하다Uneasy lies the head that wears a crown"라는 명대사가 후세에 "왕관을 쓰려는 자, 그 무게를 견뎌라"로 와전된 것도 다 그만한 이유가 있는 셈이죠. 순금은 무겁기도 하지만 물러도 너무 무릅니다. 순금으로 만든 장신구를 하고 돌아다녔다가는 반나절도 채 못 되어 다 찌그러지고 망가질 거예요. 그래서 몸에 항상 착용하는 장신구는 다른 금속과 합금해서 단단하게 만들어야 합니다.

## 금의 순도, 캐럿

금반지를 이야기할 때 24K, 18K, 14K 같은 말을 많이 들어 보셨죠. 여기서 'K'는 금의 순도를 나타내는 '캐럿karat'의 약어입니다. 진주나 다이아몬드 같은 보석의 무게를 나타내는 단위 '캐럿carat'과 발음은 같고 첫 글자만 다르죠. 원래는 철자가 같았지만 미국에서 'carat'의 첫 글자를 k로 바꾸면서 무게와 순도는 정확하게 구분되기 시작했습니다. 여기서 왜 가장 순수한 금의 순도를 100캐럿이 아닌 '24캐

캐럽나무 열매

럿'이라고 부르는지 궁금할 거예요.

캐럿의 어원을 알기 위해서는 나무를 먼저 알아야 합니다. 남유럽과 중동에 이르는 지역에서 자라는 '캐럽carob'이라는 나무가 있는데요. 신약성경에 나오는 유명한 이야기 '돌아온 탕자'에는 '쥐엄나무'로 번역되어 등장하죠. 이 나무의 열매를 아랍어로 키랏qīrāt, 그리스어로 케라티온keration이라고 부릅니다. 열매는 크기가 매우 균일해서 예로부터 유럽 전역에서 보석의 무게를 잴 때 양팔 저울의 무게추로 사용되었습니다. 즉 캐럽나무 열매가 캐럿의 어원이지요.

309년 로마의 콘스탄티누스 1세Constantinus I 황제가 새롭게 '솔리두스solidus 금화'를 주조하면서 그 크기를 캐럽 열매 24개의 무게를 기준으로 정했습니다. 캐럽나무 열매를 성인 남성의 손으로 한 움큼 쥐면 대략 24개를 쥘 수 있었거든요. 게다가 24라는 숫자는 2, 3, 4, 6, 8, 12 등 여러 가지 자연수로 나눌 수 있으니까 더 낮은 액면가의 화폐를 만들기가 편했기 때문이었습니다. 이런 과정을 통해 금의 순도를 '캐럿'이라고 부르게 된 것이지요.

그렇다면 캐럿 앞에 붙는 숫자와 그 의미를 알아볼까요? 앞에서 가장 순수한 금은 24캐럿이라고 했습니다. 가장 순수한 금은 24캐

**골드바의 비밀**

24캐럿은 가장 순수한 금이지만, 완벽한 100퍼센트의 금은 아니다. 자연에서 얻은 금을 아무리 정제해도 다른 금속 원자 같은 미세한 불순물이 남기 때문이다. 그래서 24캐럿 골드바에는 99.99퍼센트라고 적혀 있다. 이런 표기를 순금으로 인정받는 기준 중 가장 높은 수준인 '포 나인four nines'이라고 부른다.

럿으로 순도 99.99퍼센트 이상의 금, 가장 낮은 순도의 금 합금은 10캐럿이죠. 즉 캐럿 숫자가 높을수록 금 함량이 높다고 보면 됩니다. 18캐럿은 전체에서 24분의 18에 해당하는 금이 포함되어 있다는 뜻이죠. 즉 75퍼센트가 금으로 이루어진 합금입니다. 14캐럿은 24분의 14가 금이니, 약 58.3퍼센트가 금으로 이루어진 합금이죠.

물론 10캐럿 아래의 합금도 있지만, 어떤 나라들은 10캐럿 미만은 금 제품이라고 인정하지 않아요. 예를 들어 미국에서는 연방법상 10 캐럿 미만의 합금은 금제품으로 광고 혹은 판매할 수 없습니다. 9캐 럿 금반지는 미국에서 금반지라 부르면 안 되는 것이지요.

# 금 도둑을 막은 뉴턴

인터넷에서 옛날 금화 사진을 찾아보면 정확한 원형이 아니라 울퉁불퉁 일그러진 것을 볼 수 있습니다. 중세까지만 해도 금화를 주조하는 틀이 정교하지 못했기 때문이지요. 살짝 튀어나온 부분을 슬쩍떼어 내더라도 티가 나지 않다 보니, 금화의 가장자리를 아주 조금씩 깎아서 금을 빼돌렸답니다. 이런 행위를 '클리핑clipping'이라고 하는데, 현대의 지폐와는 달리 옛날의 금화는 액면가와 실제 가치가같았기 때문에 클리핑은 사회적으로 큰 문제가 되었어요.

이러한 문제를 해결한 것은 근대 과학의 아버지라고 불리는 뉴턴 Isaac Newton입니다. 뉴턴은 케임브리지대학교 석좌 교수에다가 왕립학회 회장 등 과학자로서 누릴 수 있는 모든 영예를 누렸어요.

1696년, 영국 왕실에서는 그에게 뜬금없이 왕립 조폐국장 자리를제안했습니다. 당시 물리학보다 연금술과 신학에 더 몰두했던 뉴턴은 연금술을 더 깊이 연구할 기회로 생각해 조폐국장 자리를 흔쾌히수락하고 30년이나 근무했어요. 뉴턴은 취임 후 2년 만에 클리핑을막을 방법을 고안했습니다. 바로 금화의 테두리를 따라 홈이나 문양을 넣는 것이었죠. 이러한 문양을 '리드reed', 리드를 새기는 기술을'리딩reeding'이라고 합니다. 리드의 모양이나 간격을 다르게 하면 시각장애인들이 테두리를 만져 보고 금화의 액면가를 바로 알 수도 있

**리드**
뉴턴이 고안한 기술은 전 세계에 널리 퍼졌다. 사진은 독일 2유로 동전의 가장자리로, 독일 국
가의 가사 첫 줄인 "통일과 정의와 자유Einigkeit und Recht und Freiheit"가 새겨져 있다.

었죠.

그레샴의 법칙Gresham's law으로 유명한 "악화가 양화를 구축한다"라
는 말에 따라 화폐의 소재가 액면가보다 싼 금속으로 바뀐 이후에
도 리딩의 전통이 줄곧 이어져 내려왔습니다. 악화란 액면가보다 실
제 가치가 많이 떨어지는 화폐, 양화란 액면가와 실제 가치가 같은
화폐를 말하죠. 악화의 예로는 종이돈, 양화의 예로는 금화를 들 수
있습니다. 오늘날 우리나라의 50원, 100원, 500원의 동전 가장자리
에 작은 홈들이 파여 있는 것도 리딩의 흔적입니다.

# 첨단 산업을 위한 금

전체 금 생산량 중에서 금이 산업적으로 사용되는 비중은 10퍼센
트 정도밖에 안 되지만, 첨단 기술 분야에서 금은 없어서는 안 될 소
재입니다. 금은 적외선을 잘 반사하기 때문에 우주 비행사들의 헬멧

안면부나 특수 목적 항공기의 조종석 유리창에 코팅해 조종사들을 보호하는 데 쓰여요. 우주 망원경의 반사 코팅으로도 사용되죠.

또한 금을 미세한 나노 입자로 만들어 물에 풀면 금 고유의 황금색이 아닌 빨간색을 띠는 '현탁액suspension◆'이 됩니다. 뻴긴·믹스로 물의 색이 변하게 되는 것은 금 나노 입자들이 빛과 상호작용하는 방식이 달라지기 때문인데요. 보통 금 나노 입자가 잘 분산되면 빨간색, 금 나노 입자가 응집되면 보라색 또는 보랏빛 회색으로 변합니다. 이러한 금 나노 입자의 특성은 치료제 개발에 크게 기여하고 있습니다. 금 나노 입자가 세포를 공격하는 항원을 만나면 액체 속에 퍼져 있던 입자들이 항원에 달라붙어요. 그러면 색의 변화에 따라 항원이 어디에 얼마나 있는지 현미경으로 쉽게 추적할 수 있지요. 코로나19 신속진단키트도 이 원리를 쓰고 있답니다.

금은 아주 가늘게 늘일 수 있고 녹슬지 않는 데다가 은과 구리 다음으로 전기를 잘 흘려보내는 금속입니다. 이런 특성을 이용해서 습도가 높거나 부식의 우려가 있는 환경에 노출되는 전자 제품의 연결 부위에는 금을 코팅해 보호하죠. USB나 메모리 카드를 컴퓨터에 꽂는 부분을 잘 들여다보면 노란색으로 빛나는 띠가 있죠? 모두 금

---

◆ **현탁액**
액체 속에 고체 입자가 고르게 분포하지 않고 떠 있는 혼합물이다. 즉 고체 입자가 액체 안에서 떠다니지만 섞여서 완전히 용해되지는 않은 상태로서, 고등학교 과학 시간에 '콜로이드colloid'라고 배우는 것의 한 종류다.

으로 코팅된 부분들입니다. 특히 반도체 칩을 외부와 연결하는 배선 용으로는 금만 한 것이 없습니다. 그래서 폐기된 전자 제품에서 금을 추출해 재활용하는 산업도 같이 발전하고 있죠. 이것을 '도시광산urban mining'이라고 하는데, 2023년 기준으로 도시광산이 회수한 금의 양은 전 세계 금 공급량의 약 25퍼센트에 육박한답니다.

메모리 카드의 뒷면

역사적으로 값싼 금속으로부터 금을 만들려고 했던 연금술사들이 추구했던 것은 재화로서의 금 자체라기보다는, 녹슬지 않고 변하지 않는 금이 상징하는 '영원불멸의 진리'였습니다. 금을 둘러싼 많은 우화와 전설들은 오늘날을 살아가는 현대인들이 진정 눈을 두어야 하는 가치가 과연 무엇인가에 대한 많은 질문을 던져 줍니다.

# 다이아몬드는
# 영원할까

"다이아몬드diamond는 영원하다"라는 문구를 아시나요? 1947년에 다이아몬드 채굴 및 유통 회사인 드비어스de Beers가 내건 슬로건인데요. 20세기 최고의 광고 문구로 선정되기도 했죠. 첩보 영화 〈007〉 시리즈의 일곱 번째 영화 제목도 드비어스의 슬로건에서 영감을 받아 '다이아몬드는 영원히'라고 지어졌습니다.

다이아몬드라는 이름의 어원은 고대 그리스어 'ἀδάμας'에서 유래했습니다. 해석하면 '정복할 수 없는', 즉 아주 단단한 것이라는 의미로도 볼 수 있죠. 이 단어는 광물, 보석이라는 뜻인 라틴어 'adamas'를 거쳐 현대 영어 단어인 'diamond'로 형태가 바뀌었습니다. 그런데 같은 어원을 공유하는 단어가 하나 있어요. 바로 '길들일 수 없다'라는 뜻을 가진 'adamant'입니다. 설득이 안 될 정도로 뚜렷한 주관으로도 해석할 수 있지요. 요즘 젊은 세대의 표현을 빌리자면 "꺾이지 않는 마음"이라 해도 좋겠습니다.

이처럼 다이아몬드는 자연에서 생성되는 물질 중 가장 단단한 물질로 알려져 왔어요. 다른 것들과 부딪혀도 웬만해선 긁히거나 깨지지 않는다는 특성이 있기 때문이지요. 그래서 결혼 예물이라고 하면 으레 다이아몬드라는 인식이 퍼져 나갔습니다.

## 피의 다이아몬드

애석하게도 다이아몬드는 드비어스 광고 문구의 바람처럼 영원하지 않았습니다. 1888년에 설립된 드비어스는 전 세계 다이아몬드 생산량의 90퍼센트를 유통할 정도로 독점적인 시장 지배자였어요. 한창 위세가 등등했던 시기에는 도매상들을 불러다 놓고 상자에 꽁꽁 포장한 다이아몬드 원석을 임의로 정한 가격대로 팔았습니다. 구매자들은 흥정은 고사하고 내용물의 질이 어떤지 확인조차 할 수 없었어요. 그저 살 것인지 말 것인지를 결정하는 선택만 할 수 있었지요. 만일 조금이라도 흥정을 시도한다든가 안에 든 것을 확인해 보겠다고 하면 드비어스는 영영 거래를 끊어버렸습니다.

이런 독점 구조로 인해 다이아몬드 유통은 점점 더 불투명해졌고, 결국 '피의 다이아몬드Blood diamonds' 문제로 이어지게 됩니다. 피의 다이아몬드란 불법 무장 세력이 전쟁 자금 마련을 위해 밀거래하는 다

**다이아몬드 광산**
다이아몬드는 '킴벌라이트' 같은 특정한 암석에 박혀 있다. 이러한 다이아몬드를 채굴하려면
계단식 광산을 만들어 캐는 '노천 채굴', 깊은 땅속에서 터널을 뚫어 채굴하는 '지하 채굴', 강
에서 채굴하는 '해저 또는 충적 채굴'을 해야 한다. 사진은 세계에서 가장 유명한 다이아몬드
광산 중 하나인 러시아의 '미르Mir 광산'이다. 미르 광산은 세계에서 가장 깊은 다이아몬드 광
산이다. 깊이 약 525미터, 지름 약 1.2킬로미터다.

이아몬드를 일컫는 말입니다. 1990년대에 드비어스는 내전이 한창인 콩고에서 피의 다이아몬드를 거래한 혐의로 유엔UN의 조사를 받게 되었죠. 설상가상으로 2006년 유럽연합EU은 드비어스에게 불공정 거래 판정을 내립니다. 러시아 국영기업 알로사Alros와 합심해서 다이아몬드 가격을 조작한 혐의 때문이었어요. 이 일로 드비어스의 오랜 독점 체제는 결국 무너지고 맙니다.

그런데 아이러니하게도 이 사건을 계기로 러시아는 자국의 다이아몬드 산업을 크게 키우기 시작해요. 그리고 세계 최대의 다이아몬드 수출국으로 올라서게 되었죠. 그 결과 다이아몬드는 푸틴Vladimir Putin 대통령의 비자금으로 활용되며, 나아가 우크라이나 침공에 필요한 전쟁 자금으로 쓰이게 됩니다. 그래서 2024년 초 미국을 비롯한 서방 국가들은 러시아의 다이아몬드 산업에 대한 제재에 나섰습니다.

## 실험실에서 탄생한 다이아몬드

정작 다이아몬드 산업을 진짜로 뒤흔든 것은 엔지니어들이 실험실에서 저렴한 비용으로 만든 다이아몬드입니다. 천연 다이아몬드는 땅속 깊은 곳에서 대기압의 수만 배에 달하는 압력과 1000도가 넘는 열을 받으며 수억 년에 걸쳐 만들어집니다. 희소성이 있고 비쌀 수밖에 없는 이유지요. 그래서 엔지니어들은 1970년대부터 비싼 다이아몬드와 비슷해 보이는 물
질들을 만들기 시작했습니다.
이 시기에 흔히 큐빅이라고 부
르는 '정방결정 지르코니아cubic
zirconia'나 탄소와 규소로 구성
된 '모이사나이트moissanite' 등
이 탄생하게 되었죠. 그렇지만
이들은 어디까지나 모조품으
정방결정 지르코니아

로서, 순수하게 탄소로만 이루어진 다이아몬드와는 화학적 성분부
터 완전히 달라서 전문가들이 쉽게 구분할 수 있었습니다.

한편으로는 이미 1800년대 후반부터 땅속 깊은 곳과 비슷한 환경
을 인위적으로 구성해 숯이나 흑연을 다이아몬드로 바꿔 보고자 하
는 연구가 시도되었어요. 이 시도는 1955년이 되어서야 비로소 성
공을 거두었죠. 이 연구에 사용된 방법은 '고압고온법High Pressure High
Temperature, HPHT'입니다. 그런데 이 방법으로 보석이라고 할 수 있을
만큼 큰 덩어리를 얻으려면 비용이 너무 많이 들어 별 효과가 없었
습니다. 대신 연마재나 절삭공구의 날 부분에 들어가는 작은 크기의
공업용 다이아몬드는 이 방법으로 충분히 생산할 수 있었습니다.

그런데 2000년대에 들어서면서 틈새시장을 발견한 사람들이 있
었습니다. 생명체, 곧 유기물의 중심 원소가 탄소라는 점에 착안해
서 모발이나 유골로 다이아몬드를 만들어 보고자 한 것입니다. 사랑

하는 사람들이나 반려동물이 세상을 떠났을 때, 기존의 장례법 대신 유해로부터 다이아몬드를 만들어 몸에 지니고 다닐 수 있도록 해보자는 것이었지요. 이렇게 하면 항상 함께 있다는 느낌에 이별의 아픔을 달랠 수 있을 테니까요. 그렇게 해서 만들어진 것이 바로 '추모 다이아몬드Memorial diamond'입니다.

## 진짜보다 더 진짜 같은 복제품

1950년대에 반도체 산업이 발전하면서 완전히 새로운 방식으로 다이아몬드를 만들어 보려는 시도도 있었습니다. 반도체 공정 중에 '화학기상증착법Chemical Vapor Deposition'◆이 있는데요. 반도체를 제조하는 기본 공정 중 하나로서, 핵심 재료는 실리콘입니다. 반도체 칩 대부분은 실리콘 덩어리에 회로를 새긴 것이라고 생각하면 이 공정을 이해하기 쉬울 거예요. 그런데 기본적으로 실리콘의 원자들이 3차원 공간에 배치되는 구조는 다이아몬드 안에서 탄소 원자들이 늘어서 있는 방식과 똑같아요. 그래서 사람들은 실리콘을 만들 수 있다면

◆ 화학기상증착법
기체 상태의 물질을 기판 위에 불어 주면서 반응시켜 얇은 고체 막을 형성하는 기술로 흔히 약자로 'CVD'라고 부른다. 복잡한 구조를 가지는 반도체 소자 내부의 기본 골격을 한 층씩 정밀하게 깔고 쌓는 데 사용된다.

다이아몬드도 만들 수 있다고 생각했죠. 이렇게 만들어진 다이아몬드를 'CVD 다이아몬드'라고 합니다. CVD 다이아몬드는 화학적 성분이나 내부 구조까지 천연 다이아몬드와 완전히 같았어요. 너무 똑같다 보니 전통적인 보석 감정법으로는 CVD 다이아몬드와 천연 다이아몬드를 구별할 수 없고, 특수한 분석 장비를 사용해야만 구분이 가능합니다.

이렇게 인공적으로 만들어 낸 다이아몬드를 처음에는 '합성synthetic 다이아몬드'라고 불렀습니다. 그런데 이 이름은 여러 가지 문제가 있었습니다. 다이아몬드는 탄소라는 한 가지 원소로만 구성된 물질인데, 원래 원소의 정의는 다른 물질들로부터 절대로 '합성'될 수 없다는 것이거든요. 그리고 '합성'이나 '인공'이라는 표현은 결과물이 아무리 진짜와 똑같아도 소비자들에게는 싸구려 모조품 또는 무언가 안 좋은 것이 포함되어 있을 것이라는 인식을 심어 주기에 충분했지요. 그래서 마치 진주를 양식하듯 실험실에서 배양했다는 의미로 '랩그로운Lab-Grown 다이아몬드'라는 이름을 붙였어요. 결과는 대박이었습니다. 랩그로운 다이아몬드는 첨단 기술의 결정체라는 이미지를 갖게 되었죠. 게다가

랩그로운 다이아몬드

가격도 천연 다이아몬드의 약 25퍼센트에 불과하니, 실용성을 중요시하는 젊은 세대들이 결혼 예물로 즐겨 찾는 소재가 되었습니다.

랩그로운 다이아몬드는 '기르는' 공정에서 어떻게 조절하느냐에 따라 색깔이나 그 밖의 특성들을 마음대로 바꿀 수 있고, 크기나 품질도 균일하게 관리할 수 있습니다. 다이아몬드는 금속보다 5배 이상 열을 잘 전달하고, 매우 우수한 반도체로서의 특성이 있죠. 그래서 랩그로운 다이아몬드는 고온에서 사용하는 반도체 소자, 자외선용 LED, 방사선 검출 소재 등에 사용됩니다. 그동안 다른 소재로는 감당할 수 없었던 기능을 첨단 기술로 만든 다이아몬드로 구현함으로써 새로운 산업 분야를 개척하고 있는 것이죠. 그동안 다이아몬드는 보기에만 좋았지, 실용적 가치는 별로 없다고 여겨졌습니다. 이제는 소재 기술의 발전으로 말미암아 공업적으로도 그 가치를 새롭게 인정받고 있어요.

## 다이아몬드를 태워라!

과학자들은 다이아몬드가 숯이나 흑연과 마찬가지로 순수한 탄소 덩어리라는 사실을 잘 알고 있습니다. 탄소는 불에 탈 수도 있고, 다른 구조로 변할 수 있고, 환경 조건에 따라 변질될 수 있어요. 그래서 과학자들은 다이아몬드도 영원할 수 없다는 것을 종종 대중들에

**크리스마스 강연**

크리스마스 강연은 과학자들이 일반 시민들을 대상으로 과학의 원리와 흥미로운 과학적 사실 등을 제공하는 대중과학강연회다. 이 강연은 제2차 세계대전 기간인 4년을 제외하고 200년 가까운 세월 동안 꾸준히 이어져 내려오는 유서 깊은 강연회다. 크리스마스 강연을 만드는 데 결정적인 역할을 한 전기화학의 아버지, 마이클 패러데이Michael Faraday는 19번이나 강연을 했다고 한다.

게 '증명'하고 싶어 합니다.

런던에 있는 영국 왕립연구소의 연례행사인 '크리스마스 강연 Christmas Lecture'은 200년의 전통을 자랑합니다. 노벨상 수상자를 비롯한 세계 최고의 과학자들이 일반 시민을 위해 제공하는 공개 강연이죠.

2012년에는 케임브리지대학교 화학과 워더스Peter Wothers 교수가 연사로 나섰습니다. 방청석에는 탄소 분자 '풀러렌fullerene'을 발견한 공로로 노벨화학상을 수상한 크로토Harold Kroto 교수가 부인과 함께 앉아 있었죠. 워더스는 크로토를 단상으로 불러낸 다음, 그의 부인이 손가락에 끼고 있던 결혼반지를 가지고 과연 다이아몬드는 탄소가 맞는지 증명해 보자고 했습니다. 결혼반지를 건네받은 워더스는 산소가 들어 있는 유리관 속에 반지를 넣고 태워 모든 사람을 기겁하게 했습니다. 산소 속에서 다이아몬드를 태우면, 다이아몬드는 이산화 탄소가 되어 날아가기에 흔적도 남지 않았기 때문이죠.

그런데 이 모든 실험을 하기 전에 워더스는 크로토와 미리 짰다고 합니다. 반지를 질 낮은 싸구려 다이아몬드와 슬쩍 바꿔치기한 것이지요. 다이아몬드를 태워 보는 것은 이미 1772년에 프랑스 화학자 라부아지에Antoine Lavoisier가 다이아몬드가 탄소로 이루어졌음을 밝혀냈을 때 사용한 방법이기도 합니다.

# 소재의 진정한 가치

컴퓨터나 스마트폰은 약 3년 정도 쓰면 구형 취급을 받습니다. 제품을 사용하는 동안 새로운 기술을 적용한 제품이 쉴 새 없이 나오기 때문입니다. 결국 우리는 기기를 사는 것이 아니라 그것을 사용할 수 있도록 하는 '기술'에 대한 가격을 지불하는 셈인데요. 일각에서는 다이아몬드도 전자기기들처럼 될 것이라는 전망이 조심스럽게 나오고 있습니다. 랩그로운 다이아몬드 때문에 천연 다이아몬드의 가격이 2023년 기준으로 40퍼센트 이상 하락했거든요.

성경에 나오는 "보이는 것은 잠깐이요 보이지 않는 것은 영원함이라"라는 구절처럼, 이 세상에 영원한 것은 없습니다. 사람들에 의해 매겨지는 가치는 시대에 따라 변할 수 있지만, 소재의 진정한 가치는 어떤 역할로 어떻게 쓰임을 받는지에 따라 결정되어야겠죠. 다이아몬드의 역사는, 우리가 진정 눈을 돌려야 할 영원불변의 가치는 과연 어디에서 찾아야 하는지, 다시 한번 생각해 보게끔 합니다.

**2장**

# 먹을거리를
# 위해서라면

# 인류는 어떻게
# 스스로 불을 피웠을까

인간의 특성을 나타내는 용어로 '호모 파베르Homo Faber'라는 말이 있지요. 도구를 사용하는 인간 또는 무엇을 만들어 내는 인간이라는 뜻입니다. 그런데 이 말만 가지고는 인간의 고유한 능력을 제대로 표현하기 어려운 것 같아요. 수달이나 침팬지 등 제한적이긴 하지만 도구를 사용할 줄 아는 동물들이 더러 있기 때문이죠. 그래서 이 말 속에는 '불'을 사용할 줄 안다는 뜻이 반드시 포함되어야 할 것입니다. 불을 다루는 것이야말로 유일하게 인간만이 갖고 있는 능력이니까요.

불은 에너지의 한 형태입니다. 에너지란 '일을 할 수 있는 능력'이죠. 도구를 만드는 일, 그 도구에 적합한 소재를 찾아내는 일 모두 에너지가 필요합니다. 만일 인간이 불을 피우는 방법을 알아내지 못했다면, 불이라는 에너지를 사용하지 못했다면 지금의 인류는 없을 거예요. 아마 도자기는 영영 만들어지지 못했겠죠. 또한 광물로부터 금속을 뽑아내는 것은 꿈도 꾸지 못했을 것입니다. 불이 없었다면 지금까지도 나무를 깎아 만든 그릇으로 식사를 하고 있을지도 모르죠. 세균으로 오염된 음식이나 물을 그대로 먹다가 병에 걸리는 경우도 다반사겠고요.

## 작지만 위대한 성냥의 등장

모든 에너지는 잘 다루지 않으면 언제든지 큰 힘으로 인간을 위협할 수 있습니다. 그렇기에 에너지는 평소에 가만히 잠재워 두었다가 필요할 때만 안전하게 꺼내 쓸 수 있어야 해요. 마치 자동차를 운전할

때 언제든지 안전하게 세웠다가 다시 시동을 걸 수 있어야 하는 것과 같지요.

프로메테우스Prometheus가 전해 준 불씨를 꺼뜨리지 않으려고 전전긍긍하던 인류는, 마침내 불씨 없이도 스스로 불씨를 만들어 내는 데 도전하게 됩니다. 초등학생 때 원시 시대에 어떻게 불을 피웠는지 이미 배웠을 텐데요. 아주 먼 옛날에는 마른나무를 서로 비비거나, 부싯돌로 불꽃을 튀게 하거나, 투명한 물질로 렌즈를 만들어 태양열을 모으는 등의 방법으로 불을 피웠어요. 그런데 오지를 탐험하는 TV 프로그램을 보면 잘 알 수 있듯이, 이런 식으로 불을 피우기는 정말 어렵습니다. 그래서 사람들은 쉽게 불을 피울 수 있는 '성냥'을 개발하기 시작했어요.

성냥은 영어로 'match'입니다. 이 영어 단어는 양초의 심지에서 유

성냥

래했죠. 양초의 심지는 원래 대포를 쏠 때 사용하는 '도화선'이었습니다. 도화선이란 밧줄이나 긴 천 조각에 기름 같이 불에 잘 타는 액체를 머인 줄이지요.

성냥과 관련된 기록은 6세기 무렵부터 등장하기 시작했습니다. 초기 성냥의 모습은 작은 소나무 막대 끝에 '황'을 발라놓은 모습이었죠. 그런데 당시 성냥은 지금처럼 어디에 긁어서 불을 피우지 못했습니다. 불씨에 성냥을 들이밀고 불을 붙여 다른 곳으로 옮기는 식으로 사용되었죠. 주로 등불을 켤 때 사용했다고 합니다. 그래서 성냥을 '빛을 가져오는 노예'라는 뜻으로 '인광노引光奴'라고 불렀어요. 여기에 사용하는 황을 한자어로 '석류황石硫黃'이라고 하는데, 이 말이 줄어서 '성냥'이 되었습니다.

불을 옮기는 용도가 아닌, 스스로 불을 일으킬 수 있는 성냥에 관한 연구는 17세기 후반부터 이루어졌습니다. 1669년, 독일의 연금술사 브란트Hennig Brandt가 근대적 의미의 원소인 '인'을 최초로 발견한 것이 성냥 연구의 계기가 되었죠. 그는 황과 인을 서로 문질러 불을 피워 보려 했는데, 그다지 발전이 없었습니다. 그러다 1828년 영국의 발명가 존스Samuel Jones가 '프로메테우스의 성냥'이란 것을 만들어 특허를 받았는데, 이것 역시 말할 수 없이 불편했어요. 집게로 유리 캡슐을 깨고 두 가지 약품이 서로 섞이도록 해 주어야 불이 붙었

**불꽃놀이**

불꽃놀이에 사용되는 폭죽은 '발사관', 터지는 시간을 조절하는 '도화선' 화약을 하늘로 쏘아 올리는 '연화' 등으로 구성되어 있다. 과거에는 발사관의 도화선에 불을 붙이는 방식으로 폭죽을 터트려 불꽃놀이를 즐겼다. 불꽃놀이의 아름다운 불꽃은 폭죽 속 화약에 포함된 다양한 금속 원소에 의해 생성된다. 빨간 불꽃은 '스트론튬'이나 '리튬', 노란 불꽃은 '소듐', 녹색 불꽃은 '바륨'을 연소시키면 발생된다. 또한 '마그네슘'이나 '알루미늄'을 가루로 만들어 연소시키면 매우 밝은 백색 불꽃을 내며 탄다.

죠. 불 하나를 피우기 위해서 거창한 화학 실험을 하는 정도의 수고가 필요했답니다.

우리에게 익숙한 '마찰식 성냥'은 1826년 영국의 약사 워커 Inhn Walker가 개발했습니다. 우연한 사고가 성냥의 개발로 이어졌죠. 당시 워커는 편리하게 불을 피우는 방법을 연구했어요. 그는 여느 때처럼 염소산 포타슘(과거에는 염소산 칼륨이라 불렸습니다)과 황화 안티모니를 반죽해서 천에 발랐죠. 그러다 천을 난로 근처에 두고 잊어버렸는데 우연히 이 천이 달구어진 난로 표면에 쓸렸고, 불이 붙게 되었답니다. 이 일화가 마찰식 성냥의 시작이었죠.

그런데 정작 이것으로 특허를 받은 사람은 따로 있었습니다. 1829년 스코틀랜드의 발명가인 홀든 Isaac Holden은 워커가 고안한 성냥에 다른 약품들을 넣고 개량해 그가 가르치는 초등학생들에게 보여 주었는데요. 마침 학생 중에는 프로메테우스의 성냥을 만들었던 존스의 아들이 있었습니다. 그는 이 신기한 광경을 보자마자 곧바로 아버지에게 편지를 써서 알렸어요. 존스는 이 성냥을 대량 생산하는 공법을 개발해 특허를 받았고, 성냥은 '루시퍼Lucifer'라는 상품명으로 판매되었습니다. 오늘날 우리가 스테이플러를 호치키스라고 부르는 것처럼, 20세기 초반까지 성냥을 루시퍼라고 부르는 사람들이 많았다고 합니다.

# 똑똑하게 피운 불의 과학

성냥이 발명되기 훨씬 전부터 말레이시아를 비롯한 동남아 지역에서는 신기한 도구를 제작해 아주 똑똑하게 불을 피웠습니다. 대나무나 동물 뼈 또는 뿔 등으로 만든 이 도구는 작은 주사기 모양이어서 'fire piston' 또는 'fire syringe'라고 불렸어요. 우리나라 말로는 '공기 압축 점화 장치'라고 할 수 있습니다. 도구가 제작된 정확한 시기는 알 수 없지만 5세기 이전일 것이라고 추정됩니다.

19세기에 제작된 공기 압축 점화 장치

이 도구는 열역학◆의 기본 이론 중 하나인 '단열 압축adiabatic compression'을 응용한 것인데요. 공기가 순간적으로 압축되면 온도가 급격히 올라가는 현상을 이용해 불쏘시개가 자연스럽게 발화하는 원리로 불을 피웁니다.

1878년의 어느 날, 뮌헨공과대학교 학생이던 디젤Rudolf Diesel은 독

◆ 열역학
열역학은 에너지, 열, 일, 무질서도 사이의 상관관계를 다루는 학문이다. 엔진, 화학 반응, 전기, 합금 등 자연계에서 일어나는 모든 현상과 밀접하게 연관되어 있다. 열역학 제0, 제1, 제2, 제3 법칙은 블랙홀을 포함해 우주가 움직이는 가장 기본적인 법칙을 탐구하는 학문이다. 과학자들은 어떤 새로운 현상을 발견했을 때 열역학 법칙에 위배되지 않는지 가장 먼저 확인한다.

**디젤 엔진**

디젤이 처음 제작한 엔진은 1기통 기관 엔진이었다. 제2차 세계대전 이후 디젤 엔진은 무수히 많은 발전을 거쳐 현재는 소형 자동차부터 철도 차량, 중장비, 트럭, 선박, 일부 비행기까지 다양한 분야에서 사용되고 있다.

일의 과학자 린데Carl von Linde의 강연을 듣게 됩니다. 린데는 동남아시아를 여행하면서 구한 공기 압축 점화 장치를 소개했는데요. 디젤은 여기에서 영감을 얻어 증기기관보다 훨씬 열효율이 높은 '내연기관'을 발명했죠. 이것이 우리가 잘 아는 '디젤 엔진'입니다. 디젤 엔진은 연료에 불을 붙이기 위한 점화플러그 없이, 피스톤의 움직임에 따라 연료가 자연적으로 발화하는 압축 착화 방식의 엔진입니다.

# 내 손 안의 작은 불꽃

양초나 가스 스토브 또는 캠핑장에서 숯에 불을 붙일 때 사용하는
라이터는 총의 '격발 장치'로부터 시작되었습니다. 화약의 힘을 이
용하는 총은 초창기에는 심지에 불을 붙여 화약을 폭발시켜서 사용
해야 했어요. 이후에는 방아쇠를 당기면 톱니바퀴가 돌면서 부싯돌
을 긁어 불꽃이 튀는 '치륜식wheellock'으로 발전했다가, 지렛대가 부
싯돌을 쳐서 화약에 불꽃이 튀게 하는 '수발식flintlock'으로 개량되었

**라이터**
현대 라이터의 종류로는 오일, 가스, 전기, 플라즈마 라이터가 있다. 사진은 세계에서 가장 유
명한 라이터 브랜드 '지포'의 라이터로, 대표적인 치륜식 라이터다.

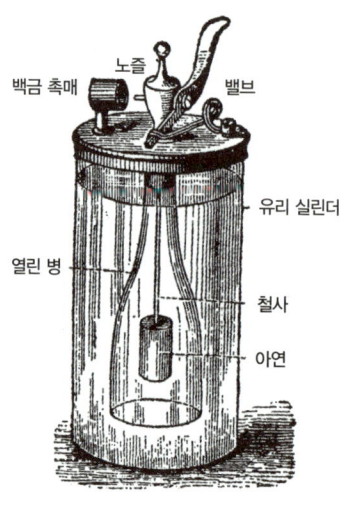

백금 촉매　노즐　밸브

유리 실린더

열린 병

철사

아연

되베라이너의 램프

지요. 17세기부터 수발식 격발 장치에 화약 대신 소나무의 가지나 옹이인 관솔을 넣은 사례가 있었습니다. 그러다가 1903년에 '페로세륨ferrocerium◆' 합금이 발명되면서 라이터는 점점 작고 편리한 형태로 바뀌기 시작했습니다. 페로세륨은 라이터의 발화 장치로 쓰이면서 라이터돌이라고 불렸는데요. 정글을 탐험하는 TV 프로그램에서 자주 볼 수 있는, 칼끝으로 긁어 불을 피울 때 사용되는 '파이어스틸firesteel'이 이 합금으로 만들어진 도구입니다.

근대 화학이 발전하면서 화학 반응을 이용한 라이터들도 만들어졌습니다. 독일의 화학자 되베라이너Johann Wolfgang Döbereiner는 '되베라이너의 램프'를 발명했는데요. 아연과 황산이 반응하면서 만들어진 수소가 백금 촉매에 닿으면 불이 생기는 원리를 이용한 초기 라이터입니다. 마찰식 성냥보다 몇 년을 앞선 발명품이죠. 하지만 램프에

◆ 페로세륨
페로세륨은 철과 세륨, 마그네슘을 섞어 만든 합금이다. 페로세륨을 부싯돌이라고 잘못 알고 있는 경우가 많은데, 부싯돌은 '수석燧石'이라고 하는 암석이다.

사용되는 백금이 비싸고, 장치가 크고 위험해 대중적으로 널리 쓰이진 못했어요. 이 발명품은 이후에 사업가 피글러Heinrich Piegler가 상품화해서 대량으로 생산했어요. 피글러의 라이터는 전 세계적으로 수백만 대가 팔렸습니다. 상업적으로 성공한 최초의 라이터라고 할 수 있죠.

## 에너지를 주고받는 압전 소재

휴대용 가스버너나 주둥이가 긴 라이터는 다이얼을 돌리거나 버튼만 눌러도 불이 붙지요. 여기에 들어가는 것은 '압전piezoelectric 소재'라는 것입니다. 압전 소재는 압력을 가해서 변형시키면 전력이 발생하거나, 또는 전력을 공급하면 모양이 변하는 성질을 가졌죠. 그래서 버튼이나 다이얼을 이용해서 압전 소재를 순간적으로 찌그러트리면 높은 전압이 발생하면서 불꽃이 튀게 됩니다.

과학자들은 이미 18세기 중반부터 이론적으로 이런 성질을 갖는 소재를 예측했는데요. 1880년에 프랑스의 과학자 피에르 퀴리Pierre Curie와 자크 퀴리Jacques Curie 형제가 실험으로 압전 소재를 증명했습니다. 압전 소재는 단지 불을 피우는 용도로만 쓰이는 것이 아니라, 현대의 첨단 산업에 광범위하게 쓰이고 있어요. 압전 소재를 신발 밑창 또는 기차역이나 체육관 등 사람들이 많이 오가는 장소의 바닥에

**압전 소재 타일**

영국의 에너지 기술 기업 페이브젠Pavegen이 아부다비 국제공항에 설치한 압전 소재 타일. 사람들이 지나갈 때마다 발생하는 압력을 전기로 변환한다.

깔아서, 사람들의 걸음걸이로부터 전기를 생산하는 연구도 진행되고 있습니다.

프로메테우스는 제우스가 감추어 둔 불을 훔쳐 인간에게 전해 준 죄로 독수리에게 간을 쪼아 먹히는 형벌을 받았지만, 그 간은 매일 다시 자라났습니다. 인간의 창의성과 자연을 극복하는 능력은 프로메테우스의 간과 닮았다는 생각이 듭니다. 인류는 불씨를 언제든지 다시 피울 방법을 스스로 찾아내고, 나아가 에너지를 원하는 형태로 자유자재로 바꾸고 제어할 수 있는 소재들을 만들어 냈기 때문입니다.

# 탄소는 환경에
# 이로울까, 해로울까

사람에게 꼭 필요한 도움을 주는 소재 중에서는 너무 흔해서 그 가치를 미처 알아보지 못하는 소재가 많습니다. '숯'과 '그을음(검댕)'도 그중 하나인데요. 숯이 없었다면 도자기와 철강이 탄생할 수 없었을 것이고, 그을음이 없었다면 인류는 아직도 책 대신 점토판에 눌러 새긴 글자들을 읽고 있을 것입니다.

이 소재들은 인류가 불을 사용하기 시작하면서 그 부산물로서 자연스럽게 활용하게 되었죠. 현대에 와서도 숯과 그을음은 각각 '활성탄'과 '카본블랙'이라는 이름으로 바뀌어 여러 가지 산업에서 유용한 소재로 사용되고 있고, 꾸준히 수요도 늘고 있습니다. 이들의 공통점은 모두 '탄소'로만 이루어져 있다는 것인데요. 탄소는 모든 생명체 그리고 플라스틱의 주성분입니다. 지구상의 거의 모든 물질에 감초처럼 들어 있는 원소죠.

# 자유로운 변신의 귀재

탄소는 이 세상에서 여섯 번째로 가벼운 원소입니다. 고체 중에서는 네 번째로 가볍죠. 무게 기준으로 탄소가 지구상에 분포하는 양은 0.02퍼센트로 열다섯 번째 정도지만, 우주로 범위를 넓히면 네 번째로 풍부한 원소랍니다.

순수한 탄소는 존재감이 그리 큰 편은 아닙니다. 우리가 알고 있는 것은 그을음, 숯, 흑연, 다이아몬드 정도죠. 그렇지만 탄소는 모든 생명체의 몸을 구성하는 핵심 원소입니다. 수소나 그 밖의 다른 원소들과 결합한 상태로 우리 몸 안에서 차지하는 양은 몸무게의 18.5퍼센트나 되죠.

탄소 원자들은 움직임이 변화무쌍합니다. 원자들이 어떻게 배열되어 있는지에 따라 탄소는 아주 부드러운 물질인 흑연이 되기도 하고 가장 단단한 물질인 다이아몬드가 되기도 합니다.◆ 때로는 탄소

◆ **경도**

경도는 고체에 힘이 가해졌을 때 영구적인 변형에 저항하는 정도, 즉 표면의 '딱딱한 정도'를 나타내는 수치다. 이 수치를 나타내는 용어를 '모스Mohs 경도계'라고 부른다. 독일 광물학자인 프리드리히 모스Friedrich Mohs가 주위에서 쉽게 얻을 수 있는 열 가지 광물을 서로 긁어서 어느 쪽이 흠집이 나는지 관찰해 물질 표면의 단단한 정도를 상대적인 열 가지 순서로 나누어 놓은 것이다. 하지만 이와 유사한 방법이 이미 서기 77년 대 플리니우스Pliny the Elder가 쓴 백과사전인 《자연사Naturalis Historia》에 언급되어 있다. 흑연은 모스 경도계 1과 2 사이로 활석보다는 조금 단단하고 석고보다는 무른 정도이고, 다이아몬드는 최고 단계인 10이다.

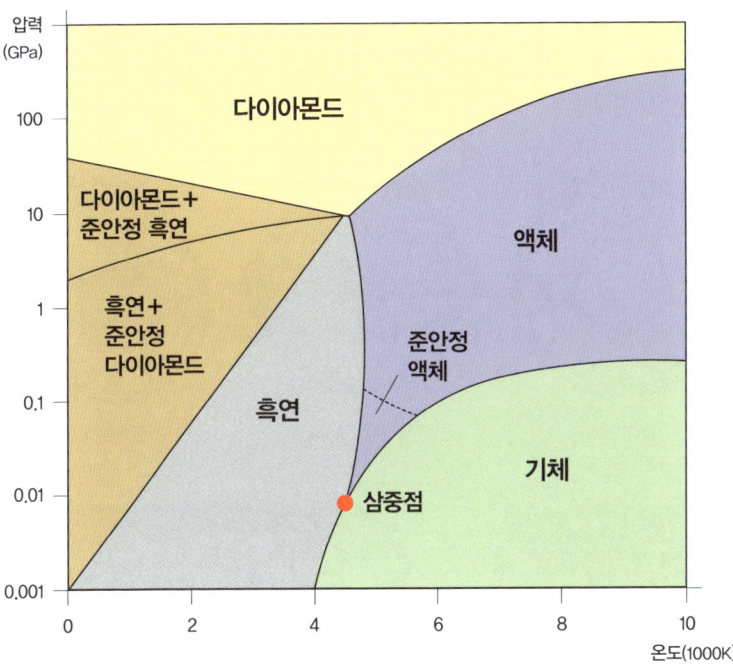

**이론적으로 예상되는 탄소의 상평형 그림**

탄소는 우리 주변에서 다양한 모습으로 존재한다. 이 그림은 탄소의 상평형 그림으로 탄소가 압력이나 온도에 따라 어떤 상태로 변하는지 보여 주는 지도다. 상평형이란 어떤 물질이 주어진 온도, 압력, 조성비 등의 조건에서 어떤 상태, 어떤 원자 배열 구조로 가장 안정적으로 존재할 수 있는지를 연구하는 학문 분야다. 그림을 보면 '삼중점'이라는 특별한 지점이 있다. 이 지점은 탄소가 세 가지 서로 다른 상태로 동시에 존재할 수 있는 조건이다.

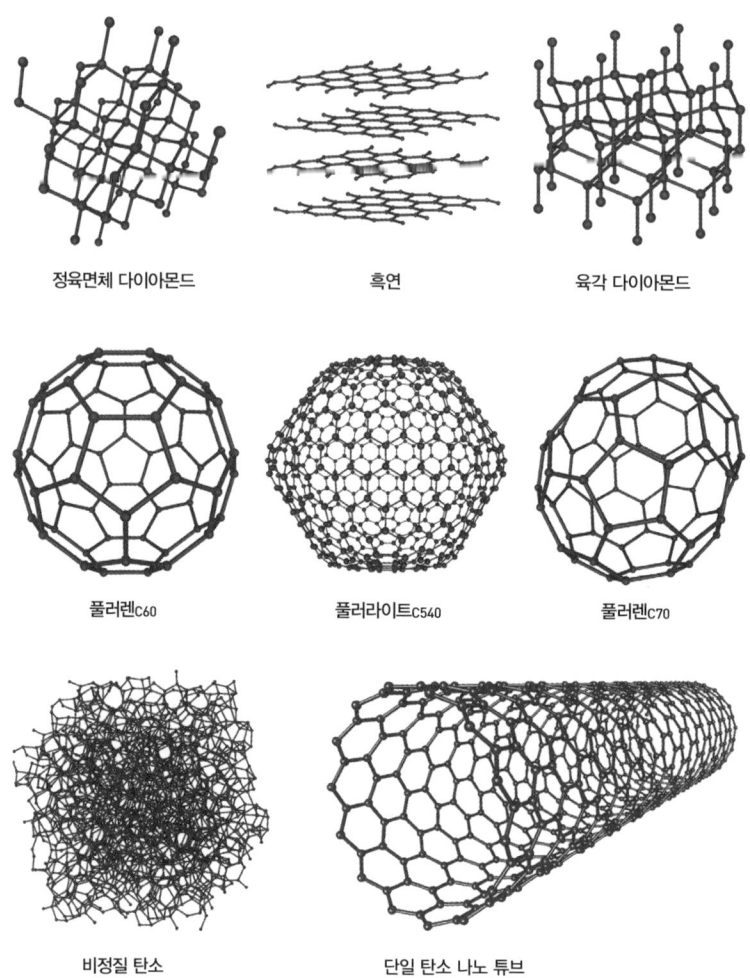

정육면체 다이아몬드　　　　　　흑연　　　　　　육각 다이아몬드

풀러렌C60　　　　　풀러라이트C540　　　　　풀러렌C70

비정질 탄소　　　　　단일 탄소 나노 튜브

**탄소 동소체 분자 구성**

같은 원소로 이루어졌지만 원자들이 결합하거나 배열된 방식이 달라 서로 다른 구조를 가지는
물질을 '동소체同素體'라고 한다. 탄소는 다양한 방식으로 원자들이 결합해 여러 형태의 동소체
를 이룰 수 있다. 온도나 압력 같은 외부 조건 등에 의해 구조가 바뀌기도 한다. 현재까지 밝
혀진 탄소 동소체 중 대표적인 것들은 총 8가지이며, 그림은 각각의 탄소 동소체 내부의 원자
배열을 나타낸다.

원자 60개가 모여서 속이 텅 빈 공 모양을 만들기도 하는데, 이것을 '풀러렌fullerene' 또는 '버키볼buckyball'◆이라고 부릅니다. 축구공 같은 생김새여서 세상에서 가장 작은 축구공이라고도 불려요. 전자현미경으로도 간신히 보일까말까 하는 정도죠. 이것을 1985년에 처음 발견하고 나서 과학자들은 탄소 원자들이 만들어 내는 마술에 매료되었습니다. 곧 '탄소 나노 튜브carbon nanotube, CNT', '그래핀graphene' 등 신소재의 개발이 뒤따랐지요. 그래서 1996년 노벨화학상은 풀러렌fullerene을 발견한 세 명의 과학자 컬Robert Curl, 크로토Harold Kroto, 스몰리Richard Smalley에게 돌아갔습니다.

## 납으로 오해받은 흑연

1779년, 스웨덴의 화학자 셀레Carl Scheele는 흑연과 숯이 같은 물질이라고 주장했어요. 이는 1786년 프랑스의 화학자들이 증명했죠. 당시에는 이것이 상당히 놀라운 발견이었습니다. 그때까지 사람들은 흑연이 '납'의 한 종류라고 믿었거든요. 광택이 적고 거무튀튀한 외양과 무른 질감이 매우 비슷해 보였기 때문이죠. 그래서 납을 뜻하는 라틴어 'plumbum'을 따서 흑연을 'plumbago'라고 부르거나, 아예 대놓고

◆ 정식 이름은 'buckminsterfullerene'이지만 이름이 너무 길어 줄여 쓴다.

**콩테 크레용**

현재 전 세계에서 사용하는 연필의 모습은 1795년에 콩테<sub>Jacques Conte</sub>가 흑연과 찰흙을 섞고 구워 연필심을 만드는 방법을 개발하면서 탄생했다. 이 사진은 콩테의 발명품 중 하나인 콩테 크레용이다. 숯가루나 다른 안료들을 점토와 섞어 만든 것으로, 심을 원통형 대롱에 넣은 연필과 달리 단면이 정사각형인 것이 특징이다. 미술에서 '콩테화'를 그릴 때 사용하는 도구다.

'black lead'라고 불렀습니다. 흑연의 '연'도 납을 뜻하는 글자입니다.

청동기 시대에 문자를 사용하기 시작하면서부터 사람들은 딱딱한 점토판 위에 글자를 쓰거나 표식을 그리기 위해 납 조각을 사용했는데요. 흑연은 조금 더 쓰기 편한 납 종류 정도로 생각하고 글씨 쓰는 용도로 주로 사용했죠. 그래서 아직도 영어에서는 흑연으로 만든 연필심을 'pencil lead'라고 부릅니다. 그런데 이것의 정체가 탄소라는 것이 밝혀지자, 1789년 독일의 지질학자 베르너<sub>Abraham Werner</sub>는 더 이상의 혼동을 피하고자 '글씨 쓰는 돌'이라는 뜻의 그리스어를 따서 흑연에 'graphite'라는 이름을 붙였습니다.

한편, 화학자들은 흑연을 태울 때 이산화 탄소가 발생하는 것에 착안해서 흑연 안에 들어 있는 원소를 'carbonum'이라 부르자고 제안했습니다. 이 말은 원래 석탄이나 숯을 가리키던 라틴어 'carbo'에서 왔습니다. 탄소의 '탄炭'도 마찬가지로 숯이라는 뜻이지요.

## 생명을 구하는 숯

숯은 고대 로마에서부터 사용되었어요. 당시에는 점토로 밀봉한 피라미드 모양의 가마 속에서 공기를 차단한 채 나무를 태워서 숯을 만들었죠. 그 원리는 현대에도 똑같이 적용됩니다. 숯을 수증기나 인산 같은 약품으로 처리하면 숯 내부에 구멍이 많이 생겨요. 숯에 구멍이 많다는 것은 오염물을 머금을 수 있는 활성 표면적이 증가한다는 뜻이죠. 이러한 숯을 특별히 '활성탄'이라고 부릅니다. 물을 정화하는 데 꼭 필요한 것이 바로 활성탄입니다. 사람들이 안심하고 마실 수 있도록 세균이나 중금속까지도 걸러낼 수 있는 아주 우수한

방독면 필터 단면

필터 소재죠. 그래서 숯은 방독면에도 쓰이고, 독극물이나 약에 중독되었을 때 치료제로도 쓰입니다.

파스타 중에 '까르보나라carbonara'라는 요리가 있습니다. 국내에는 한 식품 회사가 개발한 '까르보불닭'이라는 인스턴트 제품도 있죠. 둘 다 세계적으로 큰 사랑을 받은 음식입니다. 그런데 이 두 요리의 공통점 중 하나는 '까르보'라는 이름인데요. 어디서 많이 듣지 않았나요? 이 두 요리의 이름은 바로 'carbon'에서 유래되었답니다.

까르보나라의 유래에는 여러 가지 설이 있어요. 석탄을 캐는 광부carbonaro에서 유래했다는 설이 유명합니다. 광부들이 든든하게 식사할 수 있도록 숯불로 훈제한 관찰레라는 염장 고기를 넣어 열량을 높인 음식이라고 해서 이런 이름이 붙여졌다는 설이 있죠. 또 다른 설로는 로마의 유명한 레스토랑 'La Carbonara'에서 처음 만들어져서 까르보나라라는 이름이 붙여졌다는 설이 있습니다. 어쨌든 모두 숯이나 석탄과 관계가 있어요.

## 눈에 보이는 것이 다가 아니다, 카본블랙

인류는 선사 시대부터 불을 피우고 난 뒤 여기저기 남아 있는 그을음을 긁어다가 무언가를 칠하는 데 사용했습니다. 서양에서는 이것을 물에 바로 개어 '잉크Ink'를 만들었고, 동양에서는 아교와 섞어 굳혀서 '먹墨'을 만들었죠. 재미있게도 그을음을 영어로는 'soot'이라고 합니다. '가라앉은 것', '앙금'이란 뜻이죠.

탄소 알갱이는 독성이 없지만, 화학적으로 매우 안정되어 있습니다. 일단 우리 몸 안에 들어오면 변화하지 않고 그대로 남아 있어요. 위산처럼 강력한 화학 물질에 의해서도 영향을 받지 않을 정도지요.

그래서 그을음은 인류가 문신이나 화장을 하기 위해 최초로 사용한 소재입니다. 알프스산맥의 만년설 속에서 발견된 동기銅器 시대◆의 미라, '외치Ötzi the Iceman'의 몸 곳곳에는 탄소 입자를 사용

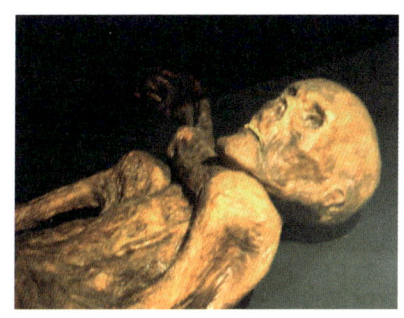

복원된 외치

한 문신의 흔적이 있지요. 외치는 기원전 3350년에서 3105년 사이에 살았던 것으로 추정됩니다. 학자들의 연구에 따르면 이때의 문신은 몸을 치장하기 위해서라기보다는 특정 부위의 통증을 완화할 목적으로 시술되었을 가능성이 높다고 합니다. 동양의 침술과 비슷한 것

◆ 동기 시대
동기 시대는 신석기 시대와 청동기 시대 사이에 있던 시대다. 구리를 합금이 아닌 순수한 금속의 상태로 사용했기에 순동기 시대라고도 부르고, 석기를 함께 사용했으므로 금석병용 시대라고도 부른다.

**카본블랙 주요 사용처**

| 사용 분야 | 설명 | |
|---|---|---|
| 타이어 및 고무 제품 | 타이어의 내마모성, 강도, 자외선 저항성을 높여 수명을 늘린다. 고무 호스, 벨트 등에도 사용된다. | |
| 잉크 및 페인트 | 인쇄용 잉크, 토너, 페인트에 검정색 안료로 사용되어 또렷한 흑백 인쇄가 가능하다. | |
| 플라스틱 및 폴리머 | 플라스틱 제품의 착색 및 자외선 차단 기능을 제공해 내구성을 높인다. 대표적인 제품으로 레고 블록이 있다. | |
| 전기/전자 | 리튬 이온 배터리의 음극재로 사용된 카본블랙은 배터리의 전도성을 높이고 효율적인 전하 이동을 돕는다. | |
| 건축 및 도로 자재 | 아스팔트, 콘크리트, 방수재 등 건축 자재의 내구성 및 자외선 저항성을 높인다. | |
| 환경 정화 및 필터 | 활성 카본블랙은 촉매 담체나 정수 필터 재료로 사용되어 유해 물질을 흡착한다. | |

이 5000년 전 유럽에서도 있었나 봅니다.

공업적으로 대량 생산된 그을음을 '카본블랙carbon black'이라고 합니다. 현대에는 문서를 잉크나 먹이 아닌 프린터로 출력하지요. 이때 검은색 토너의 주성분이 카본블랙입니다. 전자책이나 대형 마트의 가격 표시기에 들어가는 전자 종이의 검은색을 표현하는 소재로도 쓰입니다.

그런데 카본블랙이 중요하게 쓰이는 곳은 따로 있습니다. 바로 타이어를 만들 때 많이 쓰여요. 타이어는 고무로만 되어 있지 않고 무게의 절반 정도가 카본블랙으로 이루어져 있습니다. 카본블랙은 타이어를 더 튼튼하게 만들어 주고, 지면과 마찰로 인해 발생하는 열이 빨리 빠져나갈 수 있도록 도와서 타이어의 수명을 늘려 주지요. 속에는 공기밖에 없고 몸체는 물렁물렁한 타이어가 수 톤의 트럭을 떠받치고 울퉁불퉁한 비포장도로를 질주할 수 있는 것도 모두 탄소 알갱이 덕분입니다.

또한 카본블랙은 스텔스 전투기에 사용되어 레이더 전파를 흡수하는 역할도 하고, 내연기관 자동차에 정전기가 발생해 불이 붙는 것을 막기 위한 연료 첨가제로도 사용됩니다. 리튬 이온 배터리 속에 넣어 생산 단가를 낮추고 효율을 높이는 연구도 이루어지고 있습니다.

# 탄소는 죄가 없다!

2000년대 후반에 들어서면서부터 '탄소 중립', '탄소배출권', '탄소국경세' 같은 말들이 등장했습니다. 국제사회는 사람 때문에 발생하는 지구 온난화에 대한 심각성을 인식하고 기후 위기에 대응하기 시작했죠. 이러한 움직임에서 나온 용어 중 하나가 바로 '넷제로Net Zero'입니다. 넷제로란 지구 온난화에 의한 폐해를 줄이기 위해 지구의 온도를 섭씨 1.5도 이내로 제한하고, 2050년까지 온실가스의 순수 배출량을 0으로 만들자는 국제적인 노력이에요. 전 세계 사람들에게 탄소는 공공의 적이 되었답니다. 그런데 한편으로 탄소는 미래의 신소재로 주목받고 있기도 합니다. 우리나라 전주에는 산업통상자원부 산하기관인 한국탄소산업진흥원이 있을 정도죠.

여기서 한 가지 의문이 생깁니다. 과연 우리는 탄소를 사용해야 하는 것일까요, 사용하지 말아야 하는 것일까요? 탄소를 어떤 시선으로 바라보아야 할까요? 이 모든 논란은 용어를 명확히 구분하지 않고 사용하는 데서 오는 혼란입니다. 탄소를 포함하는 여러 가지 소재, 이산화 탄소 그리고 화석 연료 등을 전부 탄소라고 싸잡아 부르기 때문에 오해가 생기는 것이죠.

생명체가 땅속 깊이 묻혀 오랜 기간에 걸쳐 화석화가 일어나면, 그중 탄소와 수소 성분만 남아서 석유, 석탄, 천연가스 등이 됩니다.

이런 화석 연료들이 타면서 산소와 결합해 이산화 탄소가 만들어지는데, 이것이 지구 온난화의 주범인 '온실가스'입니다. 우리가 억제해야 하는 것은 이산화 탄소의 발생이죠. 즉, 탄소 자체가 환경을 파괴하는 것은 아닙니다. 오히려 탄소로만 이루어진 활성탄은 오염된 물을 깨끗하게 걸러 주고, 공기 중 유해 물질과 악취 성분들을 흡착해 정화하는 든든한 환경 지킴이입니다.

혼돈의 시대일수록 우리는 더더욱 기본으로 되돌아가야겠죠. 과학적 사실들을 정확히 이해하고, 거기에 근거해 의사 결정을 내리는 지혜가 필요할 것입니다

# 주석은 어떻게
# 다른 소재들을 돋보이게 할까

경제나 사회에 대해 이야기할 때 '갑', '을'이라는 말을 자주 쓰지요. 보통 계약서를 쓸 때 주도권을 쥔 쪽을 갑, 그 반대쪽을 을이라고 적는 데서 비롯되었는데요. 여기서 파생된 '슈퍼 을'이라는 말도 있습니다. 겉으로는 을처럼 보이지만 그 실력이나 지위가 상당해서 갑을 좌지우지할 만큼 영향력이 큰 사람이나 기업을 가리키는 용어죠.

소재 분야의 슈퍼 을이라고 할 만한 것을 꼽으라면 단연코 '주석'이 으뜸이지 않을까요? 주석은 그 자체가 주성분으로 쓰이는 경우는 많지 않습니다. 하지만 다른 소재들이 제대로 쓰임새를 찾도록 하는 데 결정적인 역할을 합니다. 스포츠에서도 다른 선수들을 도와 시너지 효과를 냄으로써 자신의 가치를 증명해 내는 사람들이 있지요. 선수 시절에는 크게 돋보이지 못했지만, 선수들의 잠재력을 끌어

내어 원팀을 만든 박항서 감독처럼요. 소재의 세계에서 이런 역할을 하는 대표적인 물질이 바로 주석입니다.

주석은 금, 은, 구리, 철, 수은, 납과 함께 이미 신석기 시대부터 인류가 사용하기 시작했던 7가지의 고대 금속 중 하나입니다. 주석을 포함하는 광물질을 '석석錫石'이라고 해요. 석석은 화강암 사이에서 발견되기도 하고, 풍화된 부스러기들이 강바닥에 퇴적된 형태로 발견되기도 합니다. 학자들은 석기 시대에 주석도 사금과 비슷한 방식으로 얻었으리라 추측합니다. 강바닥의 모래를 퍼서 흐르는 물에 풀면 가벼운 모래는 쓸려 내려가고 비중이 높은 석석 알갱이들이 바닥에 먼저 가라앉는 원리죠. 여기에 숯을 넣고 가열하면 주석을 제련해 낼 수 있었어요. 녹는점이 섭씨 232도여서 화톳불 정도로도 쉽게 녹일 수 있었죠. 다 녹은 주석은 말랑말랑해서 복잡한 모양을 만들기 좋았기 때문에 장식품을 만드는 데 많이 사용되었습니다.

## 청동을 탄생시킨 킹메이커

주석은 청동기 시대를 활짝 열어젖히는 주역이 되었습니다. 구리를 제련할 때 주석이 10퍼센트 정도 들어가면 칼을 만들 수 있을 정도로 단단한 합금인 청동이 만들어진다는 사실이 발견되었기 때문이죠. 구리에 다른 물질을 합금해서 만든 청동도 있지만, 주석을 넣은

**호박**

호박amber은 송진 등 수액이 화석처럼 굳어 만들어진 보석이다. 광물은 아니지만 보석으로 취급된다. 곤충이나 개구리 등 생물이 통째로 들어가 굳어 형성된 호박도 있다. 사진은 기원전 9600년에서 4100년경 사이에 제작된 호박 곰 인형.

합금이 여러모로 제일 좋았기에, 아무 부연 설명 없이 청동이라고 하면 으레 주석을 넣어서 만든 것을 가리키게 되었습니다.

문제는 주석이 아무 데서나 얻을 수 있는 것이 아니라는 것입니다. 지표면에 존재하는 양이 구리의 50분의 1 정도로서 거의 우라늄과 비슷한 수준인 데다가, 채취할 수 있는 곳도 매우 제한적이지요. 그래서 현대에도 주석은 거의 귀금속에 버금가는 몸값을 자랑합니다. 주석은 구리보다 약 3.5배, 알루미늄보다 거의 15배 비싸요.

신석기 시대에는 장신구의 재료로 주목받던 '호박琥珀'을 거래하는 무역로가 개척되었는데요. 주석 광산이 호박 산지 인근에서 자주 발견되었어요. 청동기 시대에는 호박을 운반하는 경로인 '호박길amber road'을 따라 주석을 수입했습니다. 우리나라의 청동기 시대도 내몽골 및 양쯔강 이남 지역으로부터 주석을 들여와 발달한 것으로 추정됩니다. 주석이 이렇게 귀한 것이다 보니, 청동기 시대가 일찍 막을 내리게 된 이유도 구리에 문제가 있어서가 아니라 주석이 고갈되었기 때문이라고 추측하기도 합니다.

## 뛰는 주석 위에 나는 백랍

주석에 납을 합금해서 만든 '백랍pewter'은 이미 청동기 시대에서부터 청동보다 더 고급으로 대우받았습니다. 주석이 구리보다 훨씬 귀하고 비쌌기 때문이죠. 그래서 귀족 무덤의 부장품이나 각종 장식, 고급 식기 등은 백랍으로 만들었습니다. 오늘날 유리나 자기로 만들어 쓰는 거의 모든 물품이 원래는 백랍으로 만들어졌을 만큼 백랍은 인기 있는 소재였죠. 실생활에 쓰는 물건들 외에도, 최근까지도 첨단 제품에 쓰이는 사례가 있습니다. 전자 제품을 만들 때 납땜으로 부품을 이어 붙이는데, 이때 사용하는 땜납도 주성분이 납이 아니라 주석이 더 많이 들어가 있는 백랍입니다.

전미 피겨스케이팅 선수권 대회에서는 1920년대부터 4위로 입상한 선수에게 백랍으로 만든 메달을 수여해 왔습니다. 이와 비슷하게 우리나라에는 국가 산업 발전에 공헌한 사람에게 수여하는 '산업훈장'이 있는데요. 금탑, 은탑, 동탑에 더해서 철탑(4등급) 및 석탑(5등급)이 있습니다. 여기서 석탑이란 돈탑이 아니라 수석 또는 백랍을 의미하죠. 가격으로만 따진다면 3등에게 백랍 메달이나 석탑 훈장을 주는 것이 더 타당할 수도 있겠네요.

## 철판보다 더 돋보인 주석

백랍 크림 주전자

철기 시대에 주석은 철에 녹이 스는 것을 막아 주는 소재로 사용되었습니다. 전기가 없던 시절, 주석 장인들은 주석이 녹을 정도로 뜨겁게 달군 철판 위에 두꺼운 장갑을 끼고 주석 덩어리를 문질러 코팅을 했습니다. 주석의 녹는점이 대략 스테이크를 바싹 굽기 위한 프라이팬의 온도 정도 되기 때문에 주석 도금은 그리 어려운 일이 아니었죠.

주석이 도금된 철판을 우리말로는 '양철'이라고 부르는데, 영어권에서는 이것도 주석과 마찬가지로 'tin'이라고 부릅니다. 독일의 노벨문학상 수상자 권터 그라스Günter Grass의 대표 소설《양철북》은 영화로 만들어지기도 했는데요. 우리말로 '주석북'으로 번역될 수도 있었겠지만, 정확한 용어로 번역되었어요. 퓰리처상을 받은 미국의 극작가 윌리엄즈Tennessee Williams가 쓴 희곡《뜨거운 양철 지붕 위의 고양이》의 영어 원제목도 역시《Cat on a Hot Tin Roof》입니다.

이 양철은 간혹 철판에 아연을 도금한 '함석'과 혼동되기도 합니다. 함석에 코팅된 아연은 철보다 먼저 산소와 결합해 자신을 희생하는 방식으로 철을 보호하기 때문에 녹 방지 효과가 뛰어납니다. 이와 달리, 양철에 코팅된 주석은 단지 철이 산소나 습기와 직접 접촉하지 않도록 감싸 주는 역할만 하죠. 그래서 양철은 코팅 전에 이미 조금이라도 녹이 슬어 있거나, 도금이 긁혀서 벗겨지게 되면 소용이 없습니다.

그렇지만 통조림용 깡통은 양철로 만듭니다. 함석은 아연 성분이 통조림 속 액체에 쉽게 녹아 나와 자칫 인체에 여러 가지 부작용을 일으킬 수 있거든요. 그에 비해 주석은 상대적으로 안전합니다. 통조림

양철 통조림

도 미국에서는 'can'이라고 하지만 영국에서는 'tin'이라고 부릅니다. Can이 일본을 거쳐 한국에 들어오면서 발음이 '깡'으로 바뀌어 '깡통'이라는 말이 생겨났는데요. 영국식 영어가 국내에 먼저 들어왔더라면 깡통 대신에 '땡통'이 되었을지도 모르겠네요.

## 팅커벨이 고치는 냄비

17세기 중반에 보헤미아에서 처음 만들어진 양철판은 집안에서 쓰는 각종 물품을 만드는 소재로 빠르게 보급되었습니다. 지금은 냄비 같은 것들이 망가지면 버리고 새로 사서 쓰지만 옛날에는 그런 것들 하나하나가 다 비싸고 귀했어요. 그래서 바닥에 구멍이 날 지경이 되더라도 웬만하면 고쳐서 썼지요. 양철로 만든 물품을 수선하는 기술자를 흔히 '땜장이Tinker'라고 불렀습니다.

양철 기술자가 되려는 사람들은 약 6년간의 '도제' 생활을 했다고 해요. 도제 생활이 끝나면, 자신의 공방을 차릴 돈을 모을 때까지 보부상처럼 수선 도구와 재료들을 챙겨서 이리저리 떠돌아다니며 일을 했지요. 1960년대까지만 해도 우리나라에서는 땜장이가 마을에 들어와서 수선할 때마다 사람들이 신기하다는 듯 땜장이를 둘러싸고 구경하곤 했답니다. 동화《피터 팬》에 나오는 요정 '팅커벨'의 이름도 '땜장이의 방울'이라는 뜻입니다. 양철 수선 도구를 짊어지고 다니느라 짤그랑 소리가 나는 것을 빗댄 표현이지요. 그래서 디즈니 애니메이션에서는 팅커벨이 등장할 때마다 배경에 깔리는 방울 소리를 들을 수 있습니다.

## 심금을 울리는 주석

주석은 서로 부딪히며 소음을 내기도 했지만, 악기를 만드는 훌륭한 소재이기도 했습니다. 가장 대표적인 예로 아일랜드의 전통 악기인 '틴 휘슬tin whistle'이 있지요. 틴 휘슬은 양철판을 대롱처럼 말아서 만들었기 때문에 이런 이름이 붙었습니다. 우리에게 너무도 익숙한 영화 〈반지의 제왕〉 OST나, 〈타이타닉〉의 주제가 〈My Heart Will Go On〉의 도입부를 연주하는 악기가 바로 틴 휘슬이죠.

틴 휘슬처럼 주석이 사용되는 악기로는 '파이프 오르간'이 있습니다. 파이프 오르간의 파이프는 대부분 납을 주성분으로 해서 만들어집니다. 하지만 쉽게 우그러지지 않도록 주석을 넣어 합금해요. 주석이 많이 들어갈수록 더 밝은 광택이 나고, 음색도 부드러운 톤에서 뚜렷하면서도 강한 톤으로 바뀝니다.

**도제**

장인이 되길 원해 장인을 찾아가 교육을 받는 사람을 도제라고 한다. 도제라는 단어는 단독으로 쓰지 않고 보통 도제식 교육이라는 표현으로 쓰인다. 대부분 스승과 제자 관계로 교육이 이루어지고, 세세칙인 커리큘럼을 따르지 않는다. 제자가 스승의 실무를 보조하며 기술을 배우는 방식으로 교육이 이루어진다. 도제식 교육은 학문보다는 경험과 노하우가 중요한 기술과 실무 영역에서 행해졌다. 그림은 〈양철 기술자〉, 앙리 드 브레켈리어.

**틴 휘슬**

틴 휘슬은 리코더처럼 리드 없이 호루라기의 원리를 이용해 소리를 낸다. 틴 휘슬보다 더 길고 굵게 만들어 한 옥타브 또는 5도가 낮은 음을 내는 것은 로우 휘슬low whistle, 일반적인 틴 휘슬은 하이 휘슬high whistle로 불린다.

# 통유리창을 탄생시킨 주석

주석은 큰 판유리를 만드는 데도 쓰입니다. 20세기 초까지만 해도 유리창에 쓰이는 판유리는 원심력을 이용해 물레로 돌려서 납작하게 펴거나, 평평한 판 위에 넓게 펴서 만들었어요. 그래서 표면도 울퉁불퉁했고, 무엇보다도 창문 전체를 덮을 만큼 크게 만들기가 어려웠죠. 이것이 서양에 있는 오래된 건물들의 유리창이 하나같이 격자무늬로 작게 나뉘어 있는 이유입니다.

1953년, 필킹턴Alastair Pilkington은 주석을 이용해서 수 미터에 달하는 거대한 판유리를 만드는 방법을 고안했습니다. 액체의 표면이 항상 완전한 수평을 유지하는 것에 착안한 것이죠. 일설에는 설거지하다가 물 위에 기름띠가 뜨는 것에서 힌트를 얻었다고도 전해집니다. 그렇다고 물 위에서 유리를 만들 수는 없으니, 대신 거대한 수조에 주석을 넣고 녹여서 액체로 만든 것이죠. 그 위에 녹인 유리를 흘려보내니 완전히 평평하면서도 두께가 일정한 판유리가 만들어졌습니다. 주석은 유리보다도 훨씬 낮은 온도에서 녹는 데다가 유리보다 밀도가 커서 유리와 섞이지 않고 밑에서 잘 받쳐 줍니다. 그래서 녹인 유리를 띄우기에는 안성맞춤이었죠. 오늘날 통창을 내는 것은 물론 고층 건물의 벽면 전체를 유리로 덮는 것도 모두 주석 덕분입니다. 필킹턴은 이 공로로 영국 왕실로부터 기사 작위를 받

## 수정궁

1851년 영국 런던에서 열린 만국 박람회를 위해 주철 구조물과 유리만 사용해 지어진 건물이다. 1832년 챈스 형제가 영국에 판유리 제작 방식을 도입하면서 저렴하지만 강한 유리판을 제작할 수 있게 되었다. 설계자인 조셉 팩스턴 경Sir Joseph Paxton은 가로 25센티미터, 세로 120센티미터의 판유리 규격을 적극 활용해서 건물을 설계했다. 수정궁은 당시 영국에서 가장 넓은 유리 면적을 가진 건축물이었고, 내부 조명이 필요 없는 깨끗한 벽과 천장으로 관람객을 놀라게 했다. 하지만 1936년 11월 30일에 화재로 소실되었다.

았어요.

2024년 파리 하계 올림픽에서 우리나라는 최소 규모의 선수단으로 최대의 성과를 올렸습니다. 메달을 딴 많은 선수가 수상 소감으로 경쟁자를 의식하지 않고 스스로에 대한 굳건한 믿음을 바탕으로 자기 자신과의 싸움에서 이기고자 했다는 점을 내세웠습니다. 또 세계 언론들은 승패를 따지지 않고 서로를 격려하고 동료들에게 공로를 돌리는 우리 선수들의 모습을 높이 평가했습니다. 자신이 주인공이 되기보다는 다른 소재들이 더 우수한 기량을 발휘하도록 도와주는 주석이야말로 소재 세계에서 월계관의 주인공으로 손색이 없지 않을까 생각됩니다.

# 알루미늄은 어떻게
# 하늘을 제패했을까

고대 로마의 집정관이자 문필가로 활동했던 페트로니우스Petronius의
장편소설《사티리콘Satyricon》에 나오는 일화 하나를 함께 봅시다. 한
유리 장인이 티베리우스Tiberius 황제를 찾아와 유리처럼 반짝이는 소
재로 제작된 잔을 바칩니다. 그런데 그는 갑자기 황제와 원로원 의
원들이 보는 앞에서 돌바닥에 그 잔을 내던지죠. 모두가 깜짝 놀랐
지만, 잔은 산산조각이 나진 않고 한쪽 귀퉁이가 우그러질 뿐이었습
니다. 장인이 조심스레 망치로 다듬자, 잔은 원래의 모양으로 되돌
아왔죠. 황제는 유리 장인에게 이 잔을 만드는 방법을 아는 사람이
또 있느냐고 묻습니다. 장인이 세상에서 오로지 자기 혼자만 만들
수 있다고 대답하자 황제는 가차 없이 장인의 목을 쳐버립니다. 이
신기한 소재가 알려지면 금보다 더 인기를 끌게 될 것이고, 그렇게
되면 제국의 경제가 파탄이 나면서 황제의 권위도 땅에 떨어질 것이

기 때문이었어요. 과연 이 소재는 무엇이었을까요?

# 정체를 숨긴 알루미늄

고대 로마의 해군 제독이자 역사가인 대 플리니우스도 《자연사》에 이와 비슷한 이야기를 기록해 놓았습니다. 두 사람 모두 이 신비로운 소재를 '유연한 유리'라고 묘사했기 때문에, 후대의 사람들은 이것이 최초의 '플라스틱'이었다고 생각했습니다. 티베리우스 황제는 플라스틱 기술을 2000년 동안이나 미궁에 빠뜨린 원흉으로 지탄받았죠. 그렇지만 대 플리니우스가 '점토에서 추출한 가볍고 빛나는 금속'이라고 부연 설명을 달아 놓은 덕에, 학자들은 이것이 '알루미늄'이었을 것이라고 그나마 추측할 수 있었습니다.

알루미늄은 산소와 규소 다음으로 지표면에서 세 번째로 많이 분포하는 원소입니다. 다음 순서인 철보다 무게 기준으로 1.6배나 더 많지요. 오늘날 우리가 은박지라고 부르면서 마치 휴지처럼 북북 뜯어 음식물을 포장하는 소재, 음료수를 다 마시고 나서 아무 생각 없이 찌그러뜨려 휴지통에 던져 넣는 깡통, 최고의 라면 맛을 끌어낸다는 찌그러진 양은 냄비에 이르기까지, 알루미늄은 귀한 것과는 전혀 상관없는 소재처럼 보입니다.

그런데 알루미늄이 이렇게 흔해진 것은 200년도 채 안 됩니다. 티베리우스 황제가 걱정하던 바를 알아차리기라도 했던 것일까요? 1800년대에 이르러서까지도 알루미늄은 암석 속에 정체를 꼭꼭 숨기고 있었습니다. 알루미늄은 혼자 있기보다는 산소나 그 밖의 다른 원소들과 화학적으로 반응해서 화합물의 형태로 있는 것을 워낙 좋아하기 때문이죠.

땅속 깊은 곳에서 알루미늄이 산소와 만나 태어난 '산화 알루미늄 결정'은 '코런덤corundum'이라는 광물명으로 불립니다. 사파이어나 루비 등의 보석으로 오랜 옛날부터 돈 많은 귀족들 앞에 선을 보였죠.

코런덤

알루미늄은 또한 황산과 반응해서 만들어진 '명반明礬'의 모습으로 일반 서민들에게 다가갔습니다.

명반은 고대에서부터 옷감을 염색할 때나 가죽을 무두질하거나 종이를 만드는 데 두루두루 쓰였습니다. 오늘날에도 손톱에 봉숭아 물을 들일 때 색이 잘 배도록 함께 찧어 넣거나, 산에서 야영할 때 뱀을 쫓으려고 텐트 주변에 뿌리거나, 수타면의 면발이 잘 늘어나도록 반죽에 섞기도 하는 아주 친숙한 소재죠. 그렇지만 사람들은 오랫동안 명반 속에 알루미늄이 숨어 있으리라고는 전혀 짐작하지 못했습니다.

이 사실을 처음 눈치챈 사람은 근대 화학의 아버지라고 불리는 '라부아지에Antoine Lavoisier'입니다. 그는 코런덤이나 명반은 아무리 애써도 합성해 낼 수 없으니, 그 속에는 무언가 알려지지 않은 성분이 들어 있으리라 추측했습니다. 1808년 영국의 과학자 험프리 데이비는 명반을 뜻하는 라틴어 '알루멘alumen'을 따서, 이 정체불명의 성분을 알루미늄이라 부르기 시작했죠.

## 금보다 비쌌던 알루미늄

1824년, 마침내 덴마크의 저명한 물리학자 외르스테드Hans Ørsted가 미량의 알루미늄 금속을 제련해 내는 데 성공했습니다. 1854년에는 프랑스의 화학자 드빌Henri Devile이 대량생산 공법을 연구해서 '알루미늄괴ingot'를 만들었죠. 티베리우스 황제가 염려했던 대로 당시 알루미늄의 가격은 금의 두 배 가까이 되었습니다.

알루미늄은 비중이 철이나 구리의 3분의 1도 안될 정도로 가볍습니다. 게다가 철은 녹이 슬면 푸석푸석하게 바스러지지만, 알루미늄은 마치 보석으로 코팅한 것처럼 표면이 오히려 더 단단해지는데요. 나폴레옹 3세는 드빌의 연구를 전폭적으로 지원했습니다. 가벼우면서도 녹이 안 스는 투구나 갑옷, 창, 칼 등의 무기를 만들 수 있다면, 주변 국가들을 무력으로 압도할 수 있으리라 믿은 것이죠. 평범한 연회에서 나폴레옹 3세는 금으로 만든 식기로 손님들을 대접했지만, 특별한 VIP들에게는 알루미늄 식기를 내어놓았다고 합니다. 최상위 귀족들이나 이웃 나라 왕들이 말도 안 되게 가벼운 식기에 놀라는 모습을 보면서 프랑스의 국력을 자랑하고 싶었던 것이죠.

드빌은 마침내 12개의 작은 알루미늄 덩어리를 만들어 1855년 파리 박람회에 출품했습니다. 여기에는 1800년 전 대 플리니우스가 기록했던 대로 '찰흙에서 뽑아낸 은'이라는 제목을 붙였죠. 알루미늄은 특히 유명한 소설가 디킨스Charles Dickens, 베른Jules Verne 등이 크게 관심을 가진 덕분에 많은 사람에게 알려졌습니다. 알루미늄이 우리나라에 처음 들어왔을 때 '서양에서 들여온 은'이라는 뜻으로 '양은'이라 부르게 되었습니다.

1884년 미국의 수도 워싱턴 D.C.에는 이집트의 오벨리스크를 본

**알루미늄 쐐기돌**

워싱턴 기념탑의 쐐기돌은 설치 당시 세계에서 가장 큰 알루미늄 장식이었다. 네 면에는 모두 필기체로 된 비문이 적혀 있었는데, 낙뢰 등으로 인해 손상되어 현재는 일부분만 남아 있다.

뜬 '워싱턴 기념탑'이 세워졌는데요. 꼭대기에는 알루미늄으로 만든 2.85킬로그램짜리 쐐기돌capstone이 씌워졌습니다. 이즈음에는 알루미늄의 가격이 많이 내려가긴 했지만, 그럼에도 이 쐐기돌의 가격은 무려 공사에 동원된 인부들의 100일 치 급료에 해당했다고 합니다.

# 알루미늄의 대중화를 이끈 두 도플갱어

1886년, 프랑스의 23살 청년 엔지니어 에루Paul Héroult는 산화 알루미늄에 '빙정석cryolite'◆을 섞어 전기분해 효율을 획기적으로 높일 방법을 고안해 냈습니다. 같은 해 미국에서도 대학을 갓 졸업한 엔지니어인 홀Charles Martin Hall이 거의 같은 공법을 발명했죠. 오늘날에도 표준 알루미늄 제련법으로 사용되는 이 기술은 두 사람을 기리기 위해 '홀-에루 공법Hall-Héroult process'이라고 부릅니다. 이로부터 2년이 지난 뒤에 '철반석bauxite'◆◆을 정제해 값싸게 산화 알루미늄을 얻을 수 있

◆　빙정석
빙정석은 육불화알루민산 소듐이라고 불리는 광물로, 알루미늄 제련의 핵심 재료다. 얼음처럼 투명하고 무색을 띠는 것이 특징이다.

◆◆　철반석
철반석은 알루미늄 광석의 일종인 보크사이트를 한자어로 표현한 광석이다. 알루미늄 금속을 생산하는 데 가장 중요한 원료 광석으로, 적갈색이나 황색 등을 띠는 것이 특징이다.

는 '바이어Bayer' 공법이 발명되었어요. 알루미늄의 생산량은 급격히 늘어났고 가격도 30년 사이에 무려 1000분의 1로 떨어졌죠.

## 하늘을 제패한 듀랄루민

알루미늄은 빠른 속도로 대중화되었지만, 나폴레옹 3세가 기대했던 바와는 달리 군사적 용도로는 좀처럼 쓰이지 못했습니다. 강도가 기대에 못 미쳤기 때문이죠. 엔지니어들은 단단한 알루미늄을 만들고자 청동이나 탄소강을 다루면서 쌓은 노하우를 총동원했습니다. 그러나 알루미늄은 모루 위에서 아무리 두드려도, 주석이나 탄소를 넣어 보아도, 담금질을 해 봐도 단단해지기는커녕 아무 효과가 없었습니다.

1903년, 독일의 금속공학자 빌름Alfred Wilm은 알루미늄에 구리를 합금해 보았지만 소용이 없었는데요. 그는 훌훌 털고 몇 주간 휴가를 떠났습니다. 그런데 휴가에서 돌아와 보니 그가 만든 합금이 몰라보게 단단해져 있었어요. 마치 잘 숙성된 발효 음식이 깊은 맛을 내듯, 알루미늄의 강도를 높일 수 있는 비결은 바로 '기다림의 미학'이었던 것이지요. 이 새로운 합금에는 '듀랄루민Duralumin'이라는 이름을 붙였습니다. 1919년, 독일의 기업가인 융커스Hugo Junkers는 최초로 몸체에 듀랄루민을 사용한 6인승 비행기를 만들었는데요. 이로써 알

**융커스와 지로**

융커스의 비행기는 일본 애니메이션 거장 미야자키 하야오宮崎駿 감독의 영화 〈바람이 분다〉에 등장한다. 주인공 호리코시 지로堀越二郎는 독일에 가서 융커스의 항공기 제작소를 견학하며 영감을 얻고, 자신만의 비행기를 만들겠다는 꿈을 품는다. 영화에 등장하는 지로는 실존 인물로, 제2차 세계대전 당시 일본군의 주력 전투기 '제로센零戰'을 설계한 인물이다. 제로센은 카미카제 특공대로 악명 높았던 전투기다. 지로는 최고의 작품을 만들겠다는 자기만족에만 몰두하느라 살상 무기의 위험성은 외면했다는 비판을 받았다. 반면, 융커스는 나치에 반대해 기술을 넘기지 않으려고 도주했다가 체포되었고, 일 년 뒤에 사망했다.

루미늄은 하늘을 날아다니는 금속으로 자리매김하게 되었습니다.

# 가장 가벼운 금속

알루미늄은 실용적인 가치를 지닌 금속 중 가장 가벼운 금속입니다. 리튬, 베릴륨, 소듐, 마그네슘, 포타슘 등 알루미늄보다 더 가벼운 금속들도 여럿 있지만, 이 금속들은 하나같이 너무 쉽게 녹이 습니다. 그냥 녹스는 정도가 아니라 공기나 물과 접촉하면 불꽃을 뿜으며 타오를 정도로 격렬하게 산소와 반응하기 때문에 순수한 금속으로는 실용성이 없습니다.

알루미늄은 이들 못지않게 빨리 녹이 슬긴 하지만, 알루미늄이 산소와 결합한 산화 알루미늄은 사파이어나 루비 등의 보석과 같은 성분입니다. 이 녹은 투명하면서도 매우 치밀하고 단단한 피막을 표면에 만들어 더 이상 녹이 안쪽으로 번지는 것을 막아 주지요. 맨눈으로 보면 녹이 슬었는지조차 전혀 알아채지 못할 것입니다. 알루미늄은 그야말로 인류가 금속에 바라는 거의 모든 것을 갖춘 고마운 소재라고 할 수 있죠.

1992년, 가정용 알루미늄박foil으로 유명한 기업 레이놀즈Reynolds는 반려견을 소재로 한 TV 광고를 방영했습니다. 광고에 등장하는 똑똑한 강아지는 초등학생인 주인집 아들에게 도시락 가방을 배달해 주고는 아이들이 도시락을 다 먹기를 기다렸다가 샌드위치를 쌌던 알루미늄박을 물어다가 재활용 수거함에 넣습니다. 이 광고를 보고 나면 소재의 가치에 관해 생각하게 됩니다. 너무나 풍부하고 흔한 알루미늄이지만 그것을 생산하는 데는 여전히 막대한 에너지가 소모됩니다. 하지만 소재의 가치는 우리가 그것을 인정해 주고 아껴 줄수록 광고에 등장하는 강아지의 능력처럼 더 크게 발현되는 것이 아닐까요?

# 마그네슘은
# 영양제로만 쓰일까

가끔 피곤할 때 눈 밑이 파르르 떨리곤 합니다. 이것은 우리 몸 안에 '마그네슘'이 부족하다는 신호라는데요. 이러한 증상 탓에 마그네슘을 그저 비타민 같은 영양소 중 하나로만 알고 있기도 해요. 실제로 인터넷에서 마그네슘을 검색해 보면 건강에 관한 사이트가 주로 나옵니다.

그런데 마그네슘은 우리가 일상생활에서 접하는 것보다 더 다양한 분야에서 심심찮게 발견됩니다. 의외로 아주 흔한 물질이죠. 마그네슘은 무려 지구 전체 질량의 13퍼센트나 차지합니다. 바닷물 속에는 소듐과 염소 다음으로 마그네슘이 많이 분포되어 있습니다. 게다가 인체의 거의 모든 세포에는 마그네슘이 들어 있어요.

중학교 과학 시간에 '아데노신3인산adenosine triphosphate, ATP'이라는 것을 배우는데요. 이는 살아 있는 세포에서 다양한 생명 활동을 수행하기 위해 에너지를 공급해 주는 '유기화합물'입니다. 이러한 ATP를 사용하고 합성하는 데 꼭 필요한 원소가 마그네슘입니다. 이 외에도 마그네슘은 DNA와 RNA를 합성하고 300여 가지의 효소 반응에 관여하지요. 식물들의 광합성을 위해서도 꼭 필요한 성분이고요.

## 한 지붕 세 가족: 마그넷, 마그네슘, 망가니즈

마그네슘은 화학 반응을 잘하고, 빨리 결합하려는 성질이 강한 원소입니다. 그래서 다른 원소와 결합해 다양한 광물의 모습으로 존재합니다. 이러한 현상을 '반응성'이 크다고 말해요. 순수한 마그네슘이나 이를 포함하는 화합물 중에는 자성을 띠는 것이 없지만, 의외로 마그네슘이라는 이름의 유래는 자석과 관련이 있습니다.

고대 그리스에 마그네테스Magnetes라는 부족이 있었습니다. 호메로스ʻΟμηρος의 서사시 《일리아스》에도 등장하죠. 마그네테스 부족이 식민지로 삼아 정착했던 지역의 이름이 '마그네시아Magnesia'인데요. 이 지역에서는 서로 밀치거나 끌어당기는 신비한 검은색 돌인 '자철석'들이 많이 발견되었어요. 이 지명으로부터 '자석magnet'이라는 말이 생겨났습니다. 그리고 겉모양은 이 돌들과 매우 흡사하게 생겼으나

마그네시아라는 지명이 소재의 이름으로 변화한 과정

자성이 없는 돌들도 있었는데, 이들을 색깔에 따라 '백마그네시아'와 '흑마그네시아'로 구분해서 불렀습니다. 근대에 들어와 이 돌들에 들어 있는 성분이 밝혀졌어요. 돌에 든 성분에는 마그네시아의 철자를 변형시켜 각각 '마그네슘magnesium'과 '망가니즈manganese'라는 이름이 붙었습니다. 같은 동네에서 두 가지 원소의 이름을 배출한 셈입니다.

# 마그네슘인 줄 모르고 먹었던 간수

우리 조상들은 마그네슘의 정체를 몰랐지만 아주 오래전부터 마그네슘을 사용해 왔습니다. 조상들이 사용한 마그네슘의 정체는 바로 '간수'입니다. 두부를 만들 때 간수가 없으면 안 되지요. 밀가루를 반죽할 때 쫄깃한 식감을 위해서 넣기도 합니다. 간수란 응고제입니다. 정확히 말하면 염화 마그네슘이 주성분인 소금물의 일종이죠.

천일염이 공기 중에 오래 노출되면 습기를 빨아들이면서 간수 성분이 녹아 나와 아래에 고입니다. 그래서 예로부터 일부러 소금 가마니 아래에 대야를 받쳐 볕 안 드는 곳에 오래 두었다가 사용했는데, 이런 과정을 '간수를 뺀다'라고 하지요.

간수는 천일염에 들어 있는 성분으로서 짠맛이 아니라 쓴맛을 냅니다. 그리고 마그네슘이 염소와 결합한 염화 마그네슘과 황 및 산소와 결합한 황산 마그네슘으로 구성되어 있습니다.

**간수**

염전에서 천일염을 채취할 때, 소금을 걷어낸 뒤에 남은 묽은 액체를 간수라고 한다. 간수는 두유 혹은 두부를 만들 때 조금 사용된다. 단백질이 가득한 두유에 간수의 마그네슘이 섞이면 단백질이 엉겨 덩어리진다. 이렇게 생긴 덩어리를 틀에 넣고 눌러 굳히면 두부가 된다.

## 천사의 불꽃

마그네슘은 반응성이 커도 너무 큽니다. 이러한 탓에 미세한 분말 형태의 순수한 마그네슘이 산소를 만나면 순식간에 밝은 불꽃을 내며 타오릅니다. 이 불꽃이 대낮의 햇빛과 비슷한 색감을 갖고 있기 때문에, LED가 보급되기 전인 1970년대까지만 하더라도 실내나 흐린 날 사진 촬영을 할 때는 마그네슘을 플래시로 썼습니다. 옛날 영화나 드라마를 보면, 결혼식장 등에서 사진기사가 한 손에 횃불 같은 것을 들고 단체 사진을 찍는 장면들이 등장할 때가 있죠. 셔터를 찰칵 누르는 순간에 맞추어 펑 소리와 함께 섬광이 터지고 하얀 연기가 피어오릅니다. 이것이 바로 밀봉되어 있던 마그네슘 가루가 공기 중에 노출되는 순간입니다.

그런데 마그네슘이 만들어 내는 불꽃은 사진 찍는 것보다 더 중요한 용도로도 많이 사용되었습니다. 영화 〈탑건〉이나 〈에어 포스 원〉 등 현대적 공중전이 등장하는 영화에는 비행기 꼬리에 따라붙는 미사일을 피하려고 폭죽 같은 것을 쏘면서 급선회하는 장면이 자주 나오지요. 이것은 그냥 폭죽이 아니라 미사일의 회피 대책으로 사용되는 '플레어flare'입니다. 열추적 방식의 미사일을 회피할 때 사용하지요. 플레어를 터트릴 때도 마그네슘이 사용됩니다.

마그네슘이 탈 때는 불빛도 환하게 나오지만 온도도 3000도 이상으로 올라가요. 플레어는 이러한 열을 활용합니다. 열추적 방식으로 작동하는 미사일은 제트엔진 배기구의 열을 탐지해서 따라갑니다. 미사일은 이 원리를 역으로 이용한 플레어를 비행기로 착각한 나머지 방향을 틀게 되지요. 그래서 이것을 '디코이decoy'라고도 부릅니다. 이 외에도 마그네슘은 섬광탄, 소이탄 등에 사용되는, 군사적으로 유용한 소재입니다.

## 천사의 불꽃

플레어는 터지는 모습이 때로는 천사의 날개를 닮았다고 해서 '천사의 불꽃'이라는 애칭을 가지고 있다. 미국의 AC-130, C-17, 러시아의 IL-76 등 대형 군용 항공기가 이와 유사한 패턴으로 플레어를 뿌릴 수 있다. 이 중 AC-130A는 1991년 걸프전 당시 사막의 폭풍 작전에서 퇴각하는 적을 소탕하는 임무에 투입되어, 아랍어로 '죽음의 천사'라는 뜻인 'Azrael'이라는 별명을 얻게 되었다. 실제로 작전을 수행할 때는 날개 모양으로 전체를 다 뿌리는 것이 아니라 항공기의 뒤편을 x-y 평면처럼 4분면으로 나누어 그 중 한 영역에만 플레어를 사출한 후 대각선 방향으로 회피하는 방식으로 기동한다.

# 불을 막는 마그네시아

한편, 마그네슘이 산소와 반응해 만들어진 산화 마그네슘은 마그네슘과는 반대로 불에 잘 견디는 내화 소재입니다. 이 물질은 고대 그리스로부터 내려온 이름을 공식적으로 물려받아 학술용어로도 '마그네시아magnesia'라고 불리고 있죠. 마그네시아는 금속을 제련하거나 유리, 시멘트 등을 만들 때 없어서는 안 되는 소재입니다. 전기 절연성도 좋아서 전선이 불에 타지 않도록 하는 내화 피복에도 사용됩니다.

시멘트에 마그네시아를 적당량 섞으면 내화벽 마감재를 만들 수 있는데요. 이 성분은 예로부터 돌을 붙이는 '접착제mortar'로도 유명했습니다. 그래서 만리장성을 비롯한 고대 건축물에서도 많이 검출됩니다. 그 외에 마그네슘을 인산과 반응시킨 인산 마그네슘은 건축용 목재가 불에 잘 타지 않도록 처리하는 데 쓰입니다.

수산화 칼슘과 찹쌀 가루를 섞어 만든 접착제로 고정된 만리장성의 벽돌

# 마그네슘 합금

순수한 마그네슘은 두부 자르듯 칼로 썰 수 있을 정도로 매우 연한 금속입니다. 그런데 여기에다가 알루미늄을 1퍼센트 정도만 섞어 합금을 만들면 강철에 버금갈 정도로 단단해집니다. 이 합금은 '마그녹스magnox'라고 불립니다. '산화되지 않는 마그네슘magnesium non-oxidizing'이라는 의미죠. 마그녹스는 원자로의 핵연료봉을 감싸는 피복재로 쓰입니다.

마그녹스
연료봉

마그네슘의 밀도는 가벼운 금속의 대표주자인 알루미늄의 3분의 2 정도입니다. 안정적으로 사용할 수 있는 금속 중에서는 가장 가볍죠. 그래서 자동차를 경량화하기 위한 엔진 부품의 소재로 많이 사용되었습니다. 그리고 2014년에는 삼성전자가 마그네슘으로 만든 합금으

로 미러리스mirroless 디지털카메라의 몸체를 제작했어요. 디지털카메라의 몸체 이후로 마그네슘은 고사양의 노트북(랩탑 컴퓨터), 태블릿, 휴대전화의 케이스를 만드는 데 적극적으로 활용되기 시작했습니다

## 철을 보호하는 보디가드

대양을 오가는 대형 선박의 선체에는 곳곳에 마그네슘 덩어리를 붙여야 합니다. 선체를 구성하는 철판들이 바닷물에 닿아도 녹슬지 않고 안전하게 항해하기 위해서지요. 마찬가지로 지하에 매설된 물탱크, 파이프라인, 보일러 등이 녹슬지 않도록 하는 데에도 마그네슘이 쓰입니다. 마그네슘 덩어리가 철과 함께 있으면, 철보다 먼저 나서서 산소와 반응하는 원리를 이용한 것이죠. 철은 산소와 닿아도 뒷짐 지고 가만히 있으면 되니까 녹슬지 않고 안전하게 보존될 수 있습니다. 마그네슘은 마치 VIP를 경호하는 경호원처럼 산소에 의해 녹이 스는 위협에 맞서서 자기 몸을 던져 희생하는 것이죠. 이러한 녹 방지 기술을 '희생양극법'이라고 합니다.

소재를 어떻게 가공하고 처리하느냐에 따라 극과 극으로 성질이 달라지고 전혀 다른 용도로 사용할 수 있다는 사실이 매우 흥미롭지 않은가요? 지금도 수많은 소재가 우리 인간들의 창의성으로 자신들의 잠재력을 끌어내 줄 것을 기다리고 있을 것입니다.

3장

# 옷차림을 바꾼 소재의 소타임

# 목화는 어떻게
# 산업혁명을 일으켰을까

조선의 왕 중 가장 장수했던 영조英祖는 정성왕후가 먼저 세상을 떠나자, 66세에 계비繼妃를 맞게 되면서 간택 후보자들에게 친히 질문을 던졌습니다. "세상에서 가장 아름다운 꽃이 무엇이냐?" 다른 후보자들은 난초나 모란 같은 것을 대는 와중에 유독 한 규수만은 목화꽃이란 답을 내놓았습니다. 이유를 물으니 "백성들을 따뜻하게 해주는 꽃"이기 때문이라는 대답이 돌아왔지요. 15세 앳된 처자의 갸륵한 마음씨에 감동한 영조는 주저 없이 그녀를 왕비로 맞이했으니, 그가 정순왕후 김씨입니다. 지금부터는 정순왕후 김씨가 말한 목화에 관해 알아보겠습니다.

# 백성들을 껴안은 목화

목화는 먹기 위해 기르는 작물을 제외하고는 가장 많이 재배되는 식물이며, 역사적으로도 매우 중요한 식물입니다. 목화가 씨앗을 맺을 때 생기는 털을 이용하면 솜을 만들 수 있거든요. 솜을 꼬아 만든 실을 조합하면 세계의 거의 모든 기후 환경에 적응할 수 있는 다양한 의복을 만들어 낼 수 있습니다. 목화는 천연 섬유 중 인류 역사에 가장 늦게 출현한 소재이지만 현대에는 전체 의류 소재 중 약 절반, 천연 섬유 중에서는 90퍼센트에 가까운 비중을 차지하고 있습니다.

목화가 등장하기 전, 인류가 옷감을 짜기 위해 사용했던 소재는 아마linen, 저마ramie, 대마hemp 등 식물의 줄기에서 뽑은 긴 섬유입니다. 누에에서 뽑는 명주실과 마찬가지로 한 가닥의 섬유가 실의 역할을 할 수 있는 것을 '필라멘트filament' 또는 '장섬유'라고 하지요. 목화나 양털처럼 짧은 섬유를 꼬아서 긴 실을 만드는 것을 '스테이플staple' 또는 '단섬유'라고 합니다. 그런데 단섬유에 해당하는 목화는 따뜻한 지방에서만 자라요. 게다가 솜을 채취해서 실을 잣고 옷감을 짜는 일이 엄청나게 손이 많이 가는 작업이어서 인류는 다른 천연 섬유들보다 목화를 가장 늦게 사용하게 되었습니다.

우리나라에서 목화라고 하면 가장 먼저 '문익점'을 떠올릴 거예요. 여기에는 후세에 와서 전설처럼 부풀려진 부분들이 있습니다. 일반적으로 알려진 바와 달리 면직물은 이미 백제 시대부터 귀족들이나 사찰에서 의례용으로 사용되고 있었어요. 원나라에서도 국외 반출을 금지한 적이 없었다고 합니다. 정리하자면 문익점이 목화를 우리나라에 최초로 소개하진 않았다는 말입니다. 굳이 목숨 걸고 씨앗을 숨겨 들여올 이유까진 없었다는 것이죠.

원래 목화는 일 년 내내 따뜻한 남쪽에서만 자라기에 한반도에서 재배가 어려웠는데요. 문익점이 들여온 것은 동북아시아 기후에 맞도록 중국에서 개량한 종자였답니다. 그의 진정한 공로는 백성들을 위하는 마음으로 북방에서 자라는 목화를 허투루 지나치지 않고 챙겨와서 서민들에게 보급했다는 맥락으로 이해하면 좋겠습니다.

## 양털이 열리는 나무

인도, 페루, 북아프리카 등 건조한 지역에서 고대에 면직물을 사용했던 흔적이 발견되었습니다. 가장 오래된 흔적은 신석기 시대인 기원전 약 5500년경에 남겨진 것으로 추정됩니다.

면직물이 유럽에 처음 알려지게 된 것은 알렉산더 대왕을 따라 인더스강 유역까지 원정을 다녀온 병사들 덕분이었습니다. 그런데 양털보다 더 촉감이 좋고 제작이 편리한 목화는 더운 기후에서만 자라기 때문에 유럽에서는 재배될 수가 없었지요. 그래서 유럽 사람들은 면직물이 무엇으로 만들어지는지는 전혀 몰랐고 막연히 양털 같은 것이 맺히는 나무가 있다고 상상했습니다.

유럽에서는 이집트에서 생산된 면직물들을 조금씩 수입해다 썼고, 점차 인도에서도 수입했습니다. 유럽에서 신대륙으로의 항로를 처음 개척한 콜럼버스Christopher Columbus는 죽을 때까지 자신이 갔던 곳이 인도라고 믿었는데요. 신대륙 원주민들이 면직물로 만든 형형색색의 옷을 입고 무명실로 짠 밧줄과 그물을 사용하고 있었기 때문이었어요.

14세기 중반에 쓰인 《맨드빌 여행기》라는 책이 있습니다. 앞서 13세기에 쓰인 마르코 폴로Marco Polo의 《동방견문록》과 더불어, 콜럼버스가 신대륙을 탐험하도록 영감을 준 책으로 알려져 있는데요. 영국인인 주인공이 튀르키예와 중앙아시아를 거쳐 인도와 중국까지 여행하면서 경험한 이야기를 담은 책입니다. 그러나 저자가 직접 관찰한 내용이 아닌, 여기저기 떠도는 이야기들을 모아 엮은 책인지라 지금 우리의 상식으로는 얼토당토않은 이야기들도 많이 등장합니다.

그중 하나가 목화를 '양이 열리는 나무'로 묘사한 것입니다. 이 묘사가 사람들의 사고방식에 미친 영향은 의외로 컸습니다. 한 예로, 독일어로는 목화를 'baumwollen'이라고 하는데, 이는 '나무baum에서 나는 양털wollen'이라는 뜻이죠. 일찍이 8세기에 면직물 제조 기술이 유럽에 전해졌고 17세기에는 영국이 식민지인 인도와 북미 대륙에서 목화를 대량으로 재배했습니다. 그러나 19세기 초반까지도 유럽에

**바로메츠**

중세 유럽과 몽골 지역 사람들은 양이 열리는 나무가 있다고 믿었다. 이 나무는 바로메츠 Barometz라고 불렀고, 중앙아시아, 몽골, 만주에 이르는 타타리아 지역에 산다고 믿어서 타르타리 양이라고도 불렀다. 양의 모습을 한 부분을 식물의 열매라고 상상했다. 현대에서 바로메츠는 게임이나 만화의 소재로 등장한다.

는 탯줄을 뿌리처럼 땅에 박고 있는 '식물성 양vegetable lamb of Tartaria'의 존재를 믿는 사람들이 있었습니다. 종종 이것은 사실과는 무관하게 인간의 미신과 편견이 얼마나 바뀌기 어려운지를 나타내는 사례로 언급됩니다.

## 면직물이 일으킨 산업혁명

중세로 접어들면서 면직물은 유럽에서 아주 인기 있는 옷감이 되었습니다. 면직물의 교역은 황금알을 낳는 거위가 되었지요. 베네치아, 안트베르펜, 하를럼 등의 항구도시들은 면직물의 무역 거점으로 발전했습니다. 르네상스와 계몽주의 그리고 산업혁명을 거치면서 면직물은 정치, 경제, 문화 등 다방면으로 세계를 뒤흔들었어요. 게다가 위생과 패션에 눈을 뜬 중산층 이하 서민들은 세탁이 쉽고 다양한 색으로 염색이 가능한 면직물에 열광했습니다.

그런데 목화를 수확하고 씨를 제거하고 실을 잣고 옷감을 짜는 일련의 과정은 일일이 사람의 손을 거쳐야 하는 매우 고된 작업이었습니다. 공급이 수요를 제대로 따라올 수 없었죠. 그래서 영국은 1600년경 식민지였던 인도에 세운 동인도회사를 통해 막대한 양의 면화와 직물을 유럽에 들여왔습니다. 처음에 향료 무역으로 시작했던 동인도회사는 17세기 말이 되자 주요 사업을 면화로 바꾸었습

방적기(위)와 역직기

니다.

18세기 중반, 영국에서 면직물 가공을 위해 한 해에 수입하는 면화는 250만 톤에 달했습니다. 인간의 노동력만 가지고는 도저히 감당할 수 없었죠. 필요는 발명의 어머니라는 말이 있듯, 수력을 이용해서 실을 뽑아내는 '방적기spinning machine'와 옷감을 짜는 '역직기power loom'가 발명되었습니다. 이어서 산업혁명과 함께 제임스 와트James Watt가 개량한 증기기관이 이 기계들에 동력을 제공했죠. 증기기관은 산업혁명을 가속하고 결정적으로 이끈 핵심 기술입니다. 즉 면화 가공의 기계화가 산업혁명을 주도하면서 철강 산업을 견인하고 새로운 기계들의 발명을 이끈 것이라고 할 수 있습니다.

## 눈물을 마시며 자란 목화

신대륙이라 불리던 아메리카 대륙에 개척한 식민지에서도 16세기 초부터 목화 농사를 시작했습니다. 여기에 필요한 노동력을 충당하기 위해 아프리카에서 노예를 엄청나게 데려왔죠. 그런데 목화 산업은 워낙 품이 많이 드는지라, 노예들을 재우고 먹이는 비용을 빼고 나면 남는 것이 거의 없었습니다.

그러다가 1793년 발명가 휘트니Elias Whitney가 씨앗을 획기적으로 빠르게 분리할 수 있는 새로운 형태의 '조면기Cotton gin'를 발명했는데

미국의 흑인 노예들은 하루 12시간에서 16시간 동안 강제로 노동했다. 작업량을 채우지 못하면 채찍질을 당했고, 음식을 먹지 못하거나, 감옥에 갇히기도 했다.

요. 노예들의 일손을 크게 덜어 주었지만, 한편으로는 일이 너무 쉬워지다 보니 오히려 면화가 너무 많이 생산되었어요. 이러한 현상이 이어지자 남아도는 면화를 유럽으로 수출하게 되었지요. 면화를 수출해 번 돈으로 더 넓은 땅을 목화밭으로 만들었습니다. 이에 따라 흑인 노예도 더 많이 데려오게 되는 악순환을 낳았어요. 노예제도가 폐지된 지 한참 후인 1920년대에 실시된 조사에서도 미국 흑인 인구의 약 4분의 3이 면화 관련 산업에 종사하고 있었다고 합니다.

# 버릴 것이 없는 목화

산업혁명 이후 목화는 다양한 굵기의 실로 뽑아낼 수 있게 되었습니다. 그래서 실의 두께를 나타내는 단위를 만들어 규격화했어요. 그 단위를 '수yarn'라고 하지요. 섬유의 감촉이나 내구성 등을 좌우하는 중요한 지표입니다. 1그램의 솜으로부터 1.7미터 길이의 실을 뽑을 때 만들어지는 실의 굵기를 기준으로, 실을 얼마나 가늘게 뽑아서 몇 배의 길이로 늘일 수 있는지를 설명하는 단위라 생각하면 됩니다. 솜 1그램으로 17미터의 실을 뽑으면 10수라고 부르지요. 즉 숫자가 높을수록 얇고 고운 천을 짤 수 있다는 뜻입니다.

돛이나 천막을 제작하는 데에는 두껍고 거친 실이 필요합니다. 그러니 10수로 제작해요. 20에서 30수는 가장 대중적인 두께로, 일상생활에서 쉽게 볼 수 있는 면 티셔츠에 사용됩니다. 40에서 50수부터는 얇다고 느낄 만한 두께여서 고급 셔츠 등에 사용되죠. 이러한 목화는 최대 100수까지 제작할 수 있다고 해요. 100수는 아주 가늘어서 극도로 부드럽다고 합니다.

명주실이나 아마와 조합하면 벨벳처럼 화려한 원단도 만들어 낼 수 있지요. 목화는 여러 가지 색깔로 염색하기도 쉽습니다. 동물성 섬유들과는 달리 알레르기나 정전기를 유발하지 않아서 피부에 자극이 없고, 뜨거운 물에 빨아도 줄어들거나 손상이 없지요. 다림질해서 모양을 내기도 좋으니 그야말로 온 백성들을 위한 소재라고 할 수 있습니다.

목화는 지폐를 제작할 때도 사용된다는 것을 아시나요? 지폐는 일반 종이가 아닌 목화 섬유로 만들어져요. 지폐의 위조를 방지하고 내구성을 높이기 위해 목재에서 추출한 펄프 대신 목화가 사용됩니다. 또한 면봉이나 거즈 등 의료 용품에서는 대체할 수 없는 소재예요.

덜 익은 목화 열매는 다래나무의 열매와 비슷한 단맛을 가지고 있어서 '목화다래', '실다래'라고도 부르는데요. 먹을 것이 귀했던 1970년대까지만 해도 시골에서는 좋은 군것질거리였습니다. 열매가 완전히 익으면 끝이 벌어지면서 속에 있던 섬유질이 부풀어 솜이 되죠. 그런데 목화의 입장에서 이런 변화는 기름진 씨앗을 동물이 먹지 못하도록 하는 위장이라고 합니다. 그러나 목화의 위장을 기막히게 알아낸 만물의 영장인 인류는 열매에서 섬유를 뽑고 씨는 따로 모아서 기름을 짜냈지요. 목화씨에서 짜낸 기름을 '면실유'라고 하는데, 면실유는 미국 남부의 흑인 노예들이 닭고기를 튀겨 먹는 데 쓰거나 영국에서 피쉬 앤 칩스fish and chips를 만들 때 사용하기도 했습니다. 19세기에 들어 인구 증가와 산업혁명의 영향으로 기름의 수요가 폭증하자 상업적으로 면실유를 많이 만들기 시작하면서 조명용 및 식용으로 사용했습니다. 1982년 우리나라에서 처음 만든 참치 통조림에도 면실유가 들어갔어요.

# 목화의 이중성

목화와 면직물이 가진 깨끗하고 친환경적인 천연의 이미지와는 달리 이들과 관련된 산업은 수많은 사회적 약자들의 희생을 딛고 성장했습니다. 또한 목화 농사에는 막대한 양의 물이 사용되고, 땅속 영양분이 빠르게 소모됩니다. 전 세계 살충제 사용량의 약 30퍼센트가 목화 농장에 뿌려지죠. 염색을 하는 과정에서 다량의 폐수가 나오는 등 환경 오염으로부터도 자유롭지 못합니다.

이 세상 만물에는 항상 밝은 면과 어두운 면이 공존하지요. 우리가 한쪽 면에만 집착하고 탐닉할 때, 아무리 좋아 보이는 것이라 할지라도 풍선 효과로 인해 자연의 위대한 균형을 깨뜨리는 우를 범하게 될 수도 있습니다. 목화 산업의 역사는 우리 인간이 얼마나 불완전하고 균형을 쉽게 잃을 수 있는 존재인지 돌아보게 합니다. 왕비로 간택될 당시 영조를 감동시켰던 정순왕후가 노년에는 순조를 수렴청정하면서 후기 조선 사회를 혼란으로 몰아넣었는데요. 왠지 목화의 역사와 겹쳐 보이는 장면입니다.

**아랄해**

1960년대 소련은 우즈베키스탄 등 중앙아시아를 세계 최대 목화 생산지로 발전시키려고 했다. 이를 위해 아랄해로 흘러들던 강의 물을 대규모 관개 농업에 사용했다. 이 강들은 아랄해를 채우는 유일한 물이었지만, 강물 대부분이 목화 농업에 이용되었고 아랄해로는 물이 들어가지 않게 되었다. 한때 세계에서 네 번째로 큰 호수였으나, 2000년대 이후 아랄해는 거의 사막으로 변했다. 사진의 왼쪽은 1989년의 아랄해 위성 사진, 오른쪽은 2014년의 아랄해 위성 사진.

# 나일론은 어떻게
# 전쟁을 승리로 이끌었을까

'나이롱'이라는 단어는 자주 부정적으로 쓰입니다. '나이롱 환자', '나이롱 신자' 등, 인조 섬유 중 하나인 '나일론'은 진짜 행세하는 가짜를 가리키는 은어로 많이 사용되니까요. 그러나 나일론이 처음 등장했던 1930년대 후반, 세계 최초로 시장에 나온 이 고분자 물질은 비단보다도 더 비싸게 팔리는 기적의 신소재였습니다.

요즘에야 길거리 좌판이나 심지어 고속도로 휴게소에서까지도 옷을 쉽게 살 수 있고, 유행이 지난 옷은 버리는 일이 다반사입니다. 하지만 19세기까지만 해도 인류에게는 의식주의 한 축인 옷이 절대적으로 부족했습니다. 옷감의 소재를 전적으로 동식물에 의존했던 터라 늘 공급이 달렸기 때문이죠. 그렇다면 나일론은 어떻게 세상에 등장할 수 있었을까요?

# 대체 섬유를 찾아라!

아주 오랜 옛날부터 새로운 옷감의 소재를 찾아내고, 교역을 통해 조달하고자 하는 노력이 계속되었습니다. 이러한 노력으로 기원전 2세기에 실크로드가 개척되었어요. 대항해 시대가 열리자, 영국은 동인도회사를 세워 면직물을 유럽에 들여왔습니다. 17세기에는 면직물의 교역량이 향신료를 능가하게 되었어요. 18세기에 산업혁명이 시작되었을 때 기계 장치를 제일 먼저 도입한 분야도 당연히 섬유 산업이었습니다. 신대륙의 발견 이후 유럽에서 미국 남부로 이주한 사람들은 거대한 목화밭을 개간했어요. 이를 유지하기 위해 아프리카에서 노예들을 잔뜩 납치해 왔는데, 이게 남북전쟁이라는 내전의 원인이 되었습니다.

19세기 중반 근대 과학이 본격적으로 발전하게 되면서, 식물의 섬유소인 '셀룰로오스cellulose◆'를 질산으로 처리해 비단 같은 광택이 나는 '인조견rayon'을 만드는 방법을 알게 되었습니다. 버려지는 목재, 나뭇잎 또는 넝마나 종이 등을 재활용해서 동물성 섬유인 명주실 같은 질감을 모방할 수 있게 된 것이지요.

◆ 셀룰로오스
식물의 세포벽을 이루는 천연 고분자 물질이다. 실처럼 길고 질긴 구조로 되어 있다. 섬유나 종이 등 다양한 곳에 사용된다.

1920년 미국의 화학 회사 듀폰은 거액을 투자해 프랑스의 한 인조견 회사를 사들이면서 인조 섬유 사업에 뛰어들었습니다. 그런데 인조견은 잘 끊어지고 쉽게 불이 붙는 단점이 있어요. 이러한 단점을 개선하는 데에 천문학적인 연구 개발 비용이 필요했습니다. 자칫 배보다 배꼽이 더 커질 수 있는 상황에서 듀폰의 화학 부문 총괄 책임자 스타인Charles Stine은 회사의 운명을 바꿔 놓은 승부수를 던졌습니다. 눈앞의 이익만 보고 당장 써먹을 수 있는 기술만 연구하기보다는 실패할 확률이 높더라도 먼 미래를 내다보고 세상에 없는 완전히 새로운 기술을 찾기 위한 기초과학 연구에 투자한 것이죠. 스타인은 회사의 경영진을 끈질기게 설득해서, 돈이 아무리 많이 들더라도 세계 최고 수준의 화학자 25명을 채용할 수 있도록 승낙을 받았습니다.

스타인은 약 1년의 삼고초려 끝에 하버드에서 강사로 재직하던 월리스 캐러더스Wallace Carothers를 영입해서 새로운 소재 합성 연구팀을 꾸렸습니다. 캐러더스는 당시 31세에 불과했으나, 이미 유기화학 분야의 일인자로 널리 알려져 있었습니다. 그때까지만 해도 '고분자'는 그 개념조차도 제

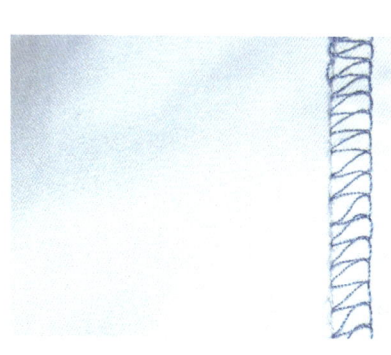

**폴리에스터**
폴리에스터는 내구성이 강하지만 땀 흡수나 습기 방출에 취약한 소재다. 사진은 폴리에스터 셔츠를 확대한 모습.

대로 정리되지 않은 생소한 물질이었는데요. 독일의 화학자 슈타우
딩거Herman Staudinger는 분자들을 잘 설계해 마치 기차를 연결하듯이
꼬리에 꼬리를 물게끔 이어 붙이면, 긴 섬유 형태나 끈적한 '수지' 형
태의 소재를 합성할 수 있을 것이라는 이론을 제시했습니다. 지금은
이것이 유기화학의 뼈대를 이루는 기초 이론이지만, 당시만 하더라
도 만화 같은 상상 정도로만 여겨졌죠. 그런데 1930년에 캐러더스와
그의 동료 힐Julian Hill이 이 이론을 바탕으로 '폴리에스터polyester'를 세
계 최초로 합성하는 데 성공했습니다. 훗날 슈타우딩거는 이 공로로
노벨상을 받았어요.

## 실용적이고 탄탄한 섬유의 등장

우리가 살고 있는 자연은 그렇게 호락호락하지 않습니다. 폴리에스
터 섬유를 실용적인 상품으로 만들어 내는 일은 또 다른 커다란 벽
이었죠. 폴리에스터는 따뜻한 물에 들어가면 뭉쳐져 끈적끈적한 덩
어리가 되었고, 세제가 닿으면 맥없이 녹아버렸는데요. 이런 섬유로
옷을 만들었다간 세탁은커녕 옷 입은 상태로 손 씻는 것조차 마음
대로 할 수 없을 것입니다. 예상치 못했던 단점에 발목이 잡힌 것이
지요. 그래서 폴리에스터 연구는 회사의 우선순위에서 밀려나고, 자
칫 영영 묻혀버릴 위기에 처했습니다.

**폴리아미드**

질소가 탄소 및 산소와 결합한 화합물을 아미드라고 하며, 아미드가 사슬처럼 이어진 중합체가 폴리아미드이다. 스타킹이나 자동차 부품에 사용되는 나일론, 요트의 돛이나 방탄조끼에 사용되는 케블라 등이 폴리아미드에 속한다. 사진은 2012년 런던 올림픽 남자 400미터 달리기에서 남아프리카공화국 대표인 오스카 피스토리우스Oscar Pistorius가 달리는 장면이다. 그가 착용한 의족은 폴리아미드수지에 탄소섬유를 넣어 강화한 소재로 제작되었다.

이때, 캐러더스의 천재성이 다시 한번 빛을 발합니다. 그는 동물성 섬유인 명주실이 아주 질기고 열에도 강하다는 점에 주목했습니다. 탄수화물과 유사한 구조인 폴리에스터 대신 단백질과 유사한 구조를 만드는 것을 생각했지요. 1935년, 마침내 거미줄을 연상케 하는 '폴리아미드polyamide' 계열 물질을 합성하는 데 성공했습니다.

## 작명의 묘수

이 새로운 섬유가 출시될 무렵 미국은 대공황을 겪고 있었습니다. 당시 여성들의 치마 길이는 발목에서부터 조금씩 올라가고 있었죠. 듀폰의 경영진은 여성들이 치맛단 아래로 보이는 부분을 치장하기 위해 스타킹이 많이 필요할 것이라 예상했지요. 그때까지 스타킹은 모두 일본에서 수입하는 비단으로 만들었어요. 그래서 듀폰에서는 합성 섬유로 만든 제품을 본격적으로 시중에 내어놓기 전에, 실크silk 보다 더 흥미를 끌 수 있는 아주 근사한 이름을 붙이자고 머리를 맞대었습니다. 결국 "올이 나가지 않는다"라는 의미의 'no run'을 거꾸로 뒤집어서 'nuron'이라 부르기로 한 것이죠.

그런데 막상 이 이름으로 상표를 등록하려니 발음이나 철자가 겹치는 다른 이름들이 너무 많았습니다. 그래서 라틴어로 '없다'라는 뜻의 'nil'에 섬유 소재의 공통 어미인 '-on'을 붙여 'nilon'이라는 이름을 생각해 냈고, 흔한 'i' 대신 자주 쓰지 않는 글자인 'y'를 써서 마침내 'nylon'이란 이름이 탄생했습니다.

그러나 듀폰은 결국 상표권 등록을 하지 않기로 합니다. 나일론이 라는 이름을 듀폰이라는 한 회사에서만 쓸 수 있는 것이 아니라, 마치 일반명사처럼 아무나 쉽게 부를 수 있게 된다면 사람들 사이에 더 많이 퍼지고 머리에 오래 남을 것이라는 의도 때문이었죠. 소비자 들이 나일론을 마치 나무나 유리처럼 이미 자연에 존재하던 물질인 것처럼 여기게 되면, 결국엔 나일론이 모든 합성 섬유의 대명사로 굳 어지는 날이 오리라는 계산이었습니다. 지금 보니 이 계산은 무섭도 록 적중하지 않았나요?

## 괴담을 관심으로 바꾼 나일론

나일론이 세상에 조금씩 알려지자 흉흉한 괴담도 나돌기 시작했습 니다. 대표적인 괴담은 나일론의 원료가 시체 썩을 때 나오는 '진물' 이라는 것이었죠. 또 나일론이라는 이름이 나타내는 '올이 나가지 않 는다'라는 의미가 거의 전설 수준으로 부풀려지면서, 거짓말로 사기 를 친다는 비난도 일었습니다. 듀폰은 이에 대응하기 위해서 대대적 으로 입소문을 냈습니다. '석탄과 물과 공기로 만들어 낸 최초의 인 조 섬유', '거미줄처럼 가늘지만 강철만큼 튼튼한 섬유' 등의 광고 문

# Du Pont Announces
## for the World of Tomorrow...
### a new word and a new material
# NYLON

NO BETTER EXAMPLE of the fruits of research could be found than nylon—so new a material that a name had to be coined by Du Pont for it—so vast in the number of its possible uses that no list, however fascinating at present, can include them all—so promising in its first ones that Du Pont will spend $8,000,000 on a plant employing approximately 1,000 people.

Nylon is the generic name for all materials defined scientifically as synthetic fiber-forming polymeric amides having a protein-like chemical structure; derivable from coal, air and water, or other substances, and characterized by extreme toughness and strength and the peculiar ability to be formed into fibers and into various shapes, such as bristles, sheets, etc.

This is the newest of the synthetic materials. In its development a group of Du Pont chemists have been occupied for years. Nylon, though it springs from common raw materials that exist in abundance, can be fashioned into filaments possessing a beautiful luster, strong as steel, delicate as the fiber of a spider's web, yet more elastic than any of the natural fibers.

Toothbrushes with "Exton" bristles made from nylon are now available. Soon other forms of this new product will reach the public as a result of experimental work in progress.

Out of continued research in synthetic chemistry has come this development, as well others, to aid in the building of the World of Tomorrow.

### Jobs... Jobs...

Still another important result comes from this contribution—as from other chemical developments. From these fruits of chemical research spring jobs for the men who build plants and machinery—jobs for the men who make the raw material —jobs for the men who convert it into numerous articles for everyday service. Thus science doubly aids man in his search for better living.

### The Past Gives a Clue to the Future

During the past ten years, Du Pont developments have included (among many other uniquely useful products) such contributions as these:

*Moistureproof "Cellophane" cellulose film to protect food-*stuffs from dirt and germs, and to preserve freshness and flavor.

*"Cordura" rayon yarn, the super-tough fiber for truck and auto tires.*

*Nitrogen compounds made from the air, to return vital elements to the soil.*

*Neoprene chloroprene rubber with the resilience, strength and toughness of natural rubber, yet superior in its resistance to gasoline, oils, sunlight, heat and aging.*

*Improved fire retardants to reduce fire hazards in home and industry.*

*"Zerone" anti-rust anti-freeze to protect automobile radiators from freezing in winter . . . from rusting and corroding in summer.*

*"Dulux" enamels, the tough, long-lasting finishes now used on automobiles, trucks, streamlined trains, ships, bridges, home appliances, interior walls, refrigerators.*

### Higher Wages... Lower Prices

Since 1929, Du Pont has developed scores of new products. Today Du Pont employs more people than in 1929, pays higher wages, and sells its goods in greater quantities and at lower prices. Last year, forty percent of Du Pont's entire sales were in twelve lines of products developed or improved since 1929.

Scientists believe this record of accomplishment, these contributions to better living, are a promise of things to come—a promise for the World of Tomorrow and for those who will inherit it.

### Your Preview of a Better World

At the New York World's Fair, Du Pont's "Wonder World of Chemistry" exhibit will present some of the more spectacular chemical achievements. Here will be shown, for the first time, many of the intricate processes used in the development and manufacture of Du Pont products. Here those who look hopefully to the future will find proof of what orderly research has done to contribute to better living and more continuous employment for everyone.

### Where to Tomorrow, Mr. Chemist?

And the chemist answers: "To a thousand untouched shores. To a land of tomorrow where rain won't wet your clothes, where everyone gets his vitamins, where fire won't burn your home, where insects won't steal your wealth, where life is easier, happier, and more complete in ways that can't even be dreamed of today."

How soon, Mr. Chemist? And the chemist answers: "Just as soon as I can make it come true. I hold for the tomorrow that will be yours, and your children's and your grandchildren's. And when each of these tomorrows becomes a 'today'—there will still be tomorrows to work for!"

Such is the spirit and the meaning of the Du Pont pledge: "Better Things for Better Living . . . through Chemistry."

*When you visit New York's World Fair in 1939, you will find nothing more fascinating than a tour through this building—The Wonder World of Chemistry, presented by Du Pont to give you a glimpse of the world of tomorrow.*

E. I. du Pont de Nemours & Company, Inc., Wilmington, Delaware

## BETTER THINGS FOR BETTER LIVING...THROUGH CHEMISTRY

Reprinted from
The Woman's Forum, Sunday, October 30th, Issue
New York Herald Tribune

나일론은 1939년 뉴욕 국제 박람회에서 공개되면서 전 세계에 큰 충격을 주었다. 듀폰이 나일론 스타킹을 미국 전역에 정식으로 판매를 시작하자마자 가게마다 사람들이 긴 줄을 섰다고 한다. 사진은 1939년 뉴욕 국제 박람회에서 있을 나일론 전시회를 예고하며 나일론이 무엇인지 설명하는 듀폰의 광고.

구로 소비자들의 마음을 사로잡았습니다.

그렇게 공을 들인 결과로 1939년 뉴욕과 샌프란시스코 등지에서 열린 국제 박람회에서 나일론은 거의 공상과학 수준의 관심을 끌었습니다. 그해 가을, 듀폰이 있는 소도시 윌밍턴의 백화점 매장에는 나일론으로 만든 스타킹 4000켤레가 처음 선을 보였는데요. 이 최초의 인공 섬유 제품은 실크 제품보다 2배 가까이 비싼 가격에도 불구하고 3시간 만에 동나고 말았다네요.

## 제2차 세계대전과 나일론

나일론이 공개되고 곧바로 제2차 세계대전이 터지는 바람에 일반 소비자들의 기쁨도 금세 막을 내렸습니다. 1941년 12월, 일본이 진주만을 공격해서 태평양 전쟁을 일으키자 더 이상 전 세계에서는 일본산 실크 제품을 수입할 수 없게 되었어요. 이 틈에 실크를 대체할 수 있는 나일론의 진가가 여지없이 발휘되었습니다. 1942년부터 미국 정부는 나일론을 군수 물자로 지정해서 엄격하게 관리했지요.

이 가벼우면서도 질긴 소재는 전쟁 중에 생각지도 못한 곳에 사용됩니다. 바로 '낙하산'이죠. 제2차 세계대전부터는 무장한 특수부대를 공중에서 적진 깊숙이 떨어뜨려 배후를 교란하는 공수 작전이 활발하게 수행되었습니다. 이 작전의 핵심은 두말할 것도 없이 낙하산

**낙하산**
제2차 세계대전이 발발하자 듀폰의 나일론은 1942년부터 1945년까지 군수용으로 쓰였으며, 나일론으로 낙하산, 로프, 텐트, 방탄복 등이 제작되었다.

이지요. 나일론은 더 작고 가벼운 낙하산을 만들 수 있게 해서 특공대원들이 더 편하고 자유롭게 싸울 수 있게 도왔습니다. 마치 낙하산을 위해, 아니 전쟁을 수행하기 위해 태어난 소재처럼 말이죠. 나일론은 낙하산 외에도 군용차의 타이어, 글라이더의 견인 밧줄, 항공기 연료 탱크, 방탄조끼, 모기장, 야전 그물침대 등 다방면으로 활약해 연합군의 승리를 가져왔습니다.

# 대체할 수 없는 나일론의 소리

나일론은 예술과 체육 분야에도 혁신을 불러왔답니다. 바로 현악기와 라켓을 만드는 핵심 소재가 되었죠. 예전에는 동물의 창자에서 추출한 섬유질로 만든 실을 사용해서 악기나 기구를 만들었다고 해요. 이것을 '장선腸線' 또는 '장모현腸毛絃'이라고 합니다. 그런데 장선은 수명도 짧은 데다가, 온도와 습도에 매우 민감해서 쉽게 탄력을 잃고 늘어지곤 했죠. 현악기 연주자들은 정확한 음을 맞추느라 애를 먹었고, 라켓을 사용하는 운동 경기에서 공이 생각한 대로 가지 않을 때도 많았습니다. 무엇보다 줄을 계속 교체하는 데 비용이 너무 많이 들었기 때문에 현악기는 말할 것도 없고 라켓 스포츠도 귀족들만 즐길 수 있었죠.

장선으로 제작된 비올라

20세기가 시작되면서 피아노 선에서 힌트를 얻어 강철로 만든 '강선鋼線'이 등장했습니다. 재즈나 대중음악에는 뚜렷하고 강한 음색을 내는 강선이 나름대로 장점을 가지고 있었지요. 이 시기에 강선을 사용한 포크 기타나 전자 기타가 대중화되었습니다. 하지만 클래식 기타는 강선을 사용하지 못했습니다. 클래식 기타 고유의 따뜻하고 부드러운 음색까지 강선이 대체할 수는 없었기 때문입니다.

그런데 나일론이 발명되자 장선의 단점을 대부분 보완할 수 있었고 이내 장선은 뒷전으로 밀려났습니다. 나일론 줄 덕분에 가격이 낮아진 현악기와 라켓이 일반 대중에게 널리 보급되었고요. 질기고 값싼 나일론 줄의 등장은 존재감이 사라지고 있었던 클래식 기타의 인기를 되살렸어요. 클래식 기타가 과거의 위상을 되찾는 계기가 되기도 했습니다.

클래식 기타에서 금속 재질처럼 보이는 줄들도 사실은 나일론 줄에 가느다란 은도금 구리철사를 촘촘히 감아 놓은 것입니다. 나일론 줄의 개발 이후 새롭게 개발된 고분자 화합물들을 사용해서 다양한 음색을 내는 줄들도 만들어졌는데요. 낚싯줄로 쓰이던 'PVDF'라는 고분자 물질로 장선의 느낌을 최대한 살려서 만든 줄에는 '카본Carbon', 나일론을 더 치밀하게 개량해서 금속 비슷한 느낌을 내도록 만든 줄에는 '타이타늄Titanium'이라는 상품명이 각각 붙었습니다. 타이타늄이라는 이름은 이 줄이 타이타늄 금속처럼 연보랏빛이 도는 회색을 띤다고 해서 붙여졌습니다. 동시에 우주 시대의 첨단 소재 같은 느낌을 주기 위해서라고 하죠. 그러나 붕어빵에 붕어가 들어 있지 않은 것처럼, 카본 줄에는 탄소섬유가 들어 있지 않고, 타이타늄 줄에도 역시 타이타늄 금속은 들어 있지 않답니다.

# 가죽은 무두질을 거쳐
# 어떻게 변신할까

소재를 다루는 기술 중에는 먼 과거뿐만 아니라 현재까지도 사용되는 기술이 있습니다. 돌을 깨뜨려 도구를 만들던 것만큼이나 오래된 기술이죠. 바로 가죽을 다루는 기술입니다. 돌로 만든 창과 화살로 야생 동물을 사냥했던 선사 시대 인류는 자신을 보호하기 위해 사냥감의 가죽을 벗겨 몸에 둘렀습니다. 생가죽은 금세 썩어버려서 악취가 나고 너덜너덜해졌죠. 그래서 오래 보존할 방법을 어떻게든 고안해 내야만 했을 것입니다.

식물을 사용해서 가죽을 가공하는 방법은 기원전 4000년경 이집트인들과 히브리인들에 의해 개발되었습니다. 이때 사용한 것이 옷감을 황갈색으로 염색하는 데도 쓰이는 '역수피'입니다. 한의학에서 떡갈나무 껍질을 이르는 용어이기도 하죠. 이것을 라틴어로 'tannum'이라고 불렀어요. 이 단어가 영어로 들어와서 '무두질

'한다'라는 뜻의 동사 'tan'이 되었습니다. 그래서 가죽 가공 공장을 'tannery'라고 부르죠.

흔히 가죽 제품을 '피혁皮革'이라고 하는데, 여기서 '피'는 생가죽, '혁'은 무두질한 가죽이라는 뜻입니다. 일광욕으로 피부를 그을리는 '태닝tanning'도 여기서 나온 말인데요. 글자 그대로 번역하면 '내 살갗을 무두질한다'라는 뜻입니다. 건강해 보이기 위한 미용법이라는 현대의 개념과는 정반대지요. 원래 태닝은 뙤약볕에서 일하는 바람에 피부가 거칠어지는 것을 의미했었습니다. 셰익스피어가 살던 시대에는 '젊은이로부터 아름다움과 신선함을 빼앗아 간다'라는 은유로 쓰이기까지 했답니다.

## 콜라겐, 피부에 양보하지 마세요

콜라겐 구조

가죽의 주성분은 '콜라겐collagen'입니다. 단단하고 긴 섬유 형태의 단백질이죠. 콜라겐을 산성이나 염기성 용액에 넣고 가열하면 분해되어 말랑말랑한 '젤라틴gelatin'이 됩니다. 콜라겐은 우리말로 '아교질'이라고 하는데요. 예로부터 소석회라고 부르는 수산화 칼슘 가루를 푼 물에 가죽을 넣고 끓여서 천연 접착제 또는 약재로 쓰이기도 하는 아교를 만들었기 때문입니다.

신발을 먹는 찰리 채플린. 영화 〈황금광 시대〉 스틸 컷

콜라겐이라는 말도 접착제를 나타내는 고대 그리스어 'kolla'에서 온 말입니다.

찰리 채플린Charlie Chaplin의 영화 〈황금광 시대〉에는 굶주림에 시달리던 주인공이 추수감사절에 구두를 삶아서 먹는 장면이 나옵니다. 이 에피소드는 그저 단순한 우스개가 아니라, 실제로 벌어진 일입니다. 제2차 세계대전 당시 독일군은 현재 러시아 상트페테르부르크 지역에 자리한 구소련의 레닌그라드를 무려 900일 동안이나 포위하고 봉쇄했었습니다. 먹을 것이 떨어진 레닌그라드의 시민들은 항복하지 않고 버티면서 구두나 허리띠 등을 삶아 먹었어요. 즉, 찰리 채플린의 영화는 레닌그라드의 시민이 겪은 실제 이야기가 잘 반영된 영화라고 할 수 있겠습니다.

그런데 콜라겐은 우리 몸에 들어가면 위산과 효소에 의해 분해됩니다. 그 자체로는 섬유질이기 때문에 피부를 통해 흡수되지도 않아요. 그러니 아무리 돼지껍질을 열심히 구워 먹고 피부에 바른다고 한들 피부가 탱탱해지는 것은 기대하기 어렵겠습니다.

## 타닌은 무엇일까

가죽 제품을 만들기 위해서는 무두질을 해야 합니다. 아교를 만들 때와는 다르게 콜라겐 섬유들이 분해되지 않고 단단하게 유지되어야 하거든요. 이때 도움을 주는 떡갈나무 껍질의 핵심 성분을 '타닌 tannin'이라고 하는데요. 타닌은 콜라겐 섬유 사이사이에 있는 수분을 밖으로 빼내어 섬유들끼리 단단히 밀착되도록 돕습니다.

우리 혀의 조직에서 수분이 빠져나가면서 오그라들면 우리는 떫다고 느끼게 되는데요. 떫은맛을 내는 감, 도토리, 녹차, 밤껍질 등을 많이 섭취하면 하나같이 소변을 자주 보게 되는 이유도 타닌이 많이 들어 있기 때문입니다. 그리고 타닌은 항산화 효과로 잘 알려진 '폴리페놀 polyphenol'의 일종으로서 혈관을 튼튼하게 해 주고, 지혈, 소염 등의 작용에 도움을 주는 것으로 알려져 있어요.

# 부드럽거나 거친 가죽의 두 얼굴

무두질할 때는 타닌 말고 생선 기름을 사용하기도 합니다. 우리가 보통 '쎄무'라고 부르는 '섀미chamois'를 만드는 데 쓰이죠. 섀미는 원래 알프스 산양을 가리키는 말이었다가 점차 산양의 속가죽으로 만든 물건들까지 아우르는 대명사가 되었습니다. 가죽이 습기에 약하다는 통념과는 달리, 섀미는 물기를 빨아들이는 성능이 탁월했고 또 금방 짜서 말릴 수 있었습니다. 그리고 보슬보슬한 표면은 보기와는 달리 매우 부드럽고 마찰이 적어서, 마차를 유지 관리하는 시종들이 끼는 장갑의 소재가 되었습니다. 이후 자동차가 발명되자 앞 유리를 닦는 소재로 인기를 끌었죠. 잠수사들이 물 위로 올라왔을 때 물기를 닦아내는 소재로도 안성맞춤이었고요.

프랑스에서는 송아지, 사슴, 염소 등의 부드러운 속가죽으로 섀미와 비슷한 질감을 살려 여성용 장갑을 만들었어요. 이것을 '스웨덴 장갑gants de Suède'이라고 불렀습니다. 그래서 영어로는 기모 처리된 가죽 제품을 '스웨이드suede'라고 부르게 되었어요.

그런데 우리가 보통 '쎄무'라고 부르는 가죽 중에는 겉모습이 스웨이드와 비슷하지만 전혀 다른 방식으로 만들어지는 것이 있습니다. 동물의 속가죽을 사용하는 것이 아니라 겉가죽을 뒤집어서 안쪽 면이 드러나게끔 만든 가죽이 있어요. 이것은 따로 '러프아웃roughout'

**러프아웃 전투화**
미군은 사막 지역 전투화 혹은 동계 전투화 외피에 러프아웃 가죽을 사용한다.

이라고 부릅니다. 해병대원들이 착용하는 전투화에 많이 사용됩니다. 혹독한 전장에서 발을 보호하기 위해서는 연한 속가죽 대신 질긴 겉가죽으로 만들어야 마땅하겠지요. 그렇지만 상륙 작전이 주요 임무인 해병대는 갯벌에서 많이 활동하게 되는데, 이때 일반적인 전투화는 한번 진흙탕에 빠지면 발을 빼내기가 어렵습니다. 그런데 러프아웃 소재는 표면에 기모 처리가 되어 있어서 솜털 사이사이의 작은 공기층이 진흙이 스며드는 것을 막아 줍니다. 그 덕분에 갯벌에서 훨씬 편하게 움직일 수 있어요.

# 인류와 동행한 가죽

가죽은 예로부터 낙후된 지역 사회의 마을과 상류 사회를 연결하고, 전통적인 관습과 신기술을 결합하는 독특한 성격의 소재였습니다. 오늘날에도 많은 개발도상국에서 가죽 원료 가공과 가죽 제품 제조업은 수출을 통한 외화벌이를 위해 필수적으로 의지해야 하는 수단입니다. 그나마 현대에는 기술의 발달로 천연 가죽은 그 쓰임새가 많이 줄어들었죠. 그래도 불과 수십 년 전까지만 해도 많은 분야에서 가죽은 그야말로 대체 불가의 존재였습니다.

고대 문명에서 가죽은 말의 안장이나 고삐 같은 마구, 보트의 몸체 및 돛, 부츠와 샌들 등 각종 이동 수단을 만들 때 꼭 쓰였습니다. 수메르인들은 전차 바퀴에 가죽을 구리 못으로 고정해서 최초의 타이어를 만들었다고 하죠. 1846년 영국의 톰슨Robert William Thomson에 의해 발명된 최초의 '공기 주입식 타이어pneumatic tyre'도 고무로 된 튜브의 바깥을 가죽으로 감싼 것이었습니다. 종이가 발명되기 이전에는 양의 속가죽으로 '양피지parchment'를 만들어 기록을 남겼고, 중동 지역에서는 물이나 동물의 젖 또는 포도주를 담는 부대jug를 만들었죠. 산업혁명 이후에는 엔진의 동력을 기계에 전달하기 위한 벨트의 소재로 각광을 받았고요.

1800년대에는 북미 대륙에 정착한 유럽인들이 공장을 지어서 돌

현대 사회에서 가죽은 윤리적, 환경적, 생태적 문제를 가지고 있다. 가죽 생산을 위한 집단 사육, 비윤리적 도살 등으로 인한 동물 학대 문제, 고급 가죽의 수요를 해결하기 위해 야생 동물을 죽이는 것으로 발생하는 멸종 위기 문제 등이 있다. 특히 사진의 들소는 가죽으로 인해 많은 피해를 겪는 동물 중 하나다.

리는 데 필요한 가죽 벨트와 윤활유를 얻기 위해 들소bison를 마구잡이로 사냥했습니다. 그러는 바람에 들소가 멸종 위기에 이르기도 했습니다.

## 건강과 환경을 위협하는 가죽

이솝 우화에는 부자가 이웃 무두장이네 집에서 풍겨 오는 악취를 견디다 못해 돈을 줘서 마을에서 쫓아내려는 이야기가 나옵니다. 시간이 지나 부자는 오히려 무두장이네의 악취에 적응해서 쫓아내기를 포기하게 되죠. 우리나라 옛날이야기에도 양반댁 대감마님이 무두장이와 대장장이에게 돈을 주고 이사 가도록 했는데, 이들이 이사한답시고 서로 집만 바꾸었다는 이야기가 있지요. 이렇듯 가죽을 가공하는 일은 끊임없이 환경 오염 때문에 시빗거리가 되었어요. 이에 사람들은 가죽 공장을 혐오 시설로 취급했습니다. 무두질할 때 식물성 타닌 성분 외에도 여러 가지 고약한 물질들이 많이 사용되기 때문이지요. 아주 오래전부터 가죽에 남아 있는 털을 제거하고 부드럽게 만들기 위해서는 소변에 담그기도 하고 비둘기 똥이나 짐승의 뇌를 문질러 발효시키기도 했거든요.

이러한 공정은 단지 악취만 문제인 것이 아니라 위생적으로도 해롭습니다. 그래서 무두질에 종사하던 많은 사람이 전염병, 특히 '탄

가죽 세공을 하는 노동자 대다수는 보호 장비 없이 화학 물질에 노출된다.

저병'으로 사망했습니다. 현대에 와서는 가죽의 내구성을 높이고 가죽을 대량 생산할 수 있도록 대형 세탁기처럼 생긴 기계에 크롬염이 들어간 용액을 넣고 돌리는 방식을 많이 사용하는데요. 이 또한 중금속으로 인한 환경 오염 문제로부터 자유롭지 못합니다.

개발도상국인 모로코에서는 명품 브랜드용 가죽을 전통 방식으로 생산하고, 방글라데시 역시 가죽 가공을 핵심 국가 산업으로 밀고 있습니다. 가죽 생산에 관한 다큐멘터리를 보면 대부분 유해한 노동 환경에 따른 심각한 건강 문제 그리고 대기, 물, 토양 등의 오염에 관한 내용으로 가득하죠. 가죽을 주로 생산하는 나라들에서는 정부가 가죽 세공 산업을 관광 상품으로 만들려고 애를 씁니다. 하지만 악취와 위생 문제 때문에 곤란을 겪고 있습니다.

# 언젠가는 슬기로울 가죽과의 동행

가죽만큼 우리 일상 가까이에서 쓰이면서 논란이 많은 소재는 또 없을 것입니다. 과학기술이 발달한 현대에도 신발, 가방, 가구, 스포츠용품 등 유연하면서도 강한 내구성이 필요한 곳에는 어김없이 쓰이고 있지만, 대체재를 찾는 것은 쉽지 않기 때문이죠. 근래에는 친환경적인 인조 가죽을 만드는 기술을 개발하려는 노력도 많이 이루어지고 있습니다. 사과껍질이나 버섯 균사체 같은 식물성 소재, 또는 합성수지 등이 물망에 오르고 있죠. 그렇지만 아직 내구성을 비롯해서 여러 면에서 만족할 만한 수준은 되지 못합니다. 천연 가죽을 가공할 때보다도 환경 오염 물질을 오히려 더 많이 배출하기도 하고요.

사실 역사적으로 수많은 소재가 환경 오염, 자연 및 생태계의 훼손, 윤리적 문제 등에 대해서 논란과 우려를 불러일으켜 왔습니다. 그러나 인류는 수많은 연구자의 헌신에 힘입은 소재 과학기술의 발전을 통해 이런 문제들을 하나하나 해결해 왔죠. 모피를 얻기 위해 동물을 살육하는 것은 예외의 경우지만, 일반적으로는 인류의 필수적 영양 섭취를 위해 동물을 도축하면서 막대한 가죽이 부산물로 남게 되는 것 또한 현실입니다. 인류는 이러한 자원을 더 현명하게 활용하는 방법도 반드시 찾아낼 것입니다.

4장

# 집을 짓고 도시를 세운 주역들

# 나무는 왜
# 소재의 어머니라고 불릴까

미국의 아동 문학가 셸 실버스타인Shel Silverstein이 1964년에 쓴《아낌없이 주는 나무》라는 동화가 있습니다. 30여 개 언어로 번역되고, 전세계 100대 아동 도서 목록에 꾸준히 이름을 올리는 베스트셀러죠. 이 책을 읽는 독자들의 대부분은 여기에 등장하는 나무에서 부모님을 떠올린답니다.

이탈리아어와 스페인어로 나무를 'madera'라고 불러요. 이 단어의 어원은 라틴어 'materia'인데요. 이것은 원래 '물질', '원천' 또는 '샘'이라는 뜻이지만 어원을 더 거슬러 올라가 보면 어머니를 뜻하는 'mater'에 닿게 됩니다. 어머니의 사랑처럼 아낌없이 주는 나무의 속성은 이미 고대인들도 공감하고 있었다는 뜻이겠지요. 소재, 재료를 뜻하는 영어 단어 'material'도 여기에서 나온 말이니, 나무는 곧 소재의 어머니라고도 말할 수 있습니다.

# 소재의 어머니, 나무

나무는 인류가 처음 도구를 만들어 쓰기 시작했을 때부터 돌과 함께 사용된 매우 중요한 소재입니다. 나무는 목재뿐 아니라 수지, 꽃, 열매, 잎사귀, 껍질 등에 이르는 많은 재료를 인류에게 나누어 주었지요. 나무는 오랜 시간이 지나면 분해될 수밖에 없으니 구석기 시대의 목재 유물은 찾아보기 힘듭니다. 하지만 석기에 남아 있는 흔적들을 토대로 어떻게 나무를 가공해서 도구를 만들었는지 유추해 볼 수는 있어요. 게다가 신석기 시대에 인류는 정착 생활을 하게 되면서 통나무로 집을 지었는데 당시의 흔적이 지금도 발견되고 있지요. 이는 인류에게 나무가 얼마나 중요한 소재인지 보여 줍니다.

이처럼 나무는 정말 중요했기 때문에 인류는 나무가 가득한 숲을 마구 개간했습니다. 개간으로 가장 유명한 곳은 지금은 휴양지로 더 많이 알려진 아프리카 대륙 북서쪽, 대서양 한복판에 있는 한 무리의

마데이라 제도에 정착하려 했던 탐험대는 숲을 개간하려고 불을 질렀다. 하지만 나무가 너무 많아서 불이 7년간 꺼지지 않고 계속 탔다고 한다. 이후 포르투갈 사람들은 비옥한 마데이라 제도에 노예를 데려와 포도를 재배하기 시작했다.

섬입니다. 1년 내내 관광객들의 발길이 끊이지 않는 포르투갈 자치령 '마데이라 제도'예요. 이 섬은 최초로 규격화된 목재를 대량으로 공급하던 생산 기지로서 먼저 알려졌습니다. 원래는 바이킹이나 무역선들이 잠시 쉬어 가던 무인도였죠.

1420년 포르투갈 선원들이 정착하면서 밭을 개간하기 위해 거대한 숲을 벌목해 나갔습니다. 베어 낸 나무를 판자 형태로 가공해서 스페인과 포르투갈에 날랐지요. 그래서 이 섬의 이름도 포르투갈어로 나무를 뜻하는 마데이라가 되었습니다.

## 목재의 분류: 견목과 연목

소재로서의 나무를 이야기할 때는 흔히 '견목hardwood'과 '연목softwood'으로 분류합니다. 이 용어들은 자주 오해를 불러오는데요. 단단한 정도로 구분하는 것이 아니라 각각 '활엽수(또는 남양재)'와 '침엽수(또는 북양재)'를 가리키는 것이기 때문입니다. 견목으로 분류되는 것들 가운데 발사balsa 나무는 목재 중에서 가장 가볍고 연합니다. 반대로 연목으로 분류되는 주목朱木은 아주 단단해서 바둑판이나 활의 재료로 쓰이기도 하죠. 지금부터 다채로운 소재로서의 나무를 살펴봅시다.

# 가장 가볍고 부드러운 나무, 발사

발사는 스페인어로 뗏목이라는 뜻입니다. 발사 나무가 워낙 가벼워서 옛날에 뗏목이나 배를 만드는 데 많이 사용했기 때문이죠. 주로 열대 지방에 사는 이 나무는 1년에 무려 4미터씩이나 쑥쑥 자라나서 보통 키가 30미터가량 된다고 합니다. 워낙 빨리 자라는 탓에 나이테가 없고 속은 마치 골판지나 벌집처럼 구멍이 숭숭 뚫려 있죠. 이 구멍들이 단열 및 방음에 도움을 주어서 발사 나무는 선박의 단열재나 방음재로 이용됩니다. 발사 나무는 비행기 모형이나 건축물 모형을 제작할 때도 쓰여요.

사람이 골다공증을 앓으면 뼈가 약해져서 골절상을 입기 쉬워지지만 발사 나무는 다공질임에도 불구하고 하중을 잘 견딥니다. 조류의 뼈도 마찬가지고요. 체구가 작은 철새들이 수천 킬로미터를 거뜬히 비행할 수 있는 이유는 뼈가 다공질이어서 가벼우면서도 튼튼하기 때문인데요. 그 원리는 구멍들을 이루는 격벽들이 마치 철제 교량을 닮은 구조를 갖고 있어서 힘을 효과적으로 분산시켜 주는 데 있습니다. 그래서 발사 나무로는 모형 비행기를 넘어 전투기까지도 만들 수 있습니다.

제2차 세계대전 당시 영국 공군에는 드 해빌랜드 모스키토de Havilland Mosquito라고 하는 목제 전투기가 있었는데요. 이미 금속 동체가 주로

영국의 폭격기인 드 해빌랜드 모스키토. 발사 나무로 만들어서 폭격기임에도 전투기 수준으로 빨랐다. 하지만 습기에 약하고 불이 번지면 순식간에 추락한다는 단점이 있다.

사용되던 시대에 나무로 제작된 전투기죠. 길이가 13.6미터, 날개의 폭이 16.5미터에 이르는 거대한 몸집에 2개의 엔진을 달았는데도 전체 무게가 6.5톤 밖에 나가지 않았답니다. 드 해빌랜드 모스키토는 금속제 전투기에 당당히 맞서 공중전을 벌일 정도로 성능이 좋아서 '나무로 만든 기적Wooden Wonder'이라는 별명도 붙었습니다.

# 너무 단단해서 위험에 빠진 유창목

반면 단단하기로 유명한 나무로는 중남미에서 자라는 '유창목癒瘡木'이 있습니다. 이 나무는 바하마 연방의 국목, 나무의 꽃은 자메이카의 국화입니다. 이것을 베어 내서 가공한 목재를 '생명의 나무lignum-vitae'라고 부르죠. 이 나무의 수지는 '구아이악Guaiac'이라고 합니다. 살균, 해독, 항바이러스 등의 효과가 있다고 하죠. 그래서 카리브해 지역 원주민들은 유창목을 '치유의 나무'라고 불렀습니다. 구아이악

유창목으로 만든 메

은 페니실린이 발견되기 전까지 항생제 대용 그리고 고급 향수의 원료로도 사용되었죠. 이 나무를 몸에 지니고 다니면 병이 낫는다는 속설이 있어 우리나라에서도 반지나 목걸이 등으로 만들어서 차고 다닌 사람들이 많았답니다.

유창목은 키가 10미터 정도로 자라도 몸통의 지름은 60센티미터에 불과할 정도로 아주 천천히 자라기 때문에 매우 치밀한 조직을 가지고 있습니다. 단단하고 묵직한 데다

가 잘 깨지지도 않으니 예로부터 나무망치, 절구, 막자사발, 곤봉 등을 만드는 데 쓰였어요. 특히 영국 경찰은 전통적으로 금속 대신 유창목 경찰봉을 사용했는데요. 금속제 곤봉은 제압할 때 자칫 살갗이 찢어질 우려가 있지만 유창목은 약간의 완충 작용이 있어서 멍이 들게 하는 정도였기 때문이라네요.

천연 방부제 및 윤활유 역할을 하는 구아이악 덕분에 유창목으로 만든 기계 장치는 물에 젖어도 잘 썩지 않고, 따로 유지 보수를 하지 않아도 오래 사용할 수 있어요. 그래서 예로부터 대형 범선에 들어가는 주요 부품이나, 흔히 할아버지 시계라고 하는 큰 괘종시계를 만드는 데에도 인기 있는 소재였습니다.

이렇게 수요가 많다 보니, 사람들이 마구 베어 내는 바람에 유창목은 2019년 국제자연보호연맹IUCN에 의해 멸종 위기 식물로 지정되었습니다. 멸종 위기에 처한 야생 동식물종의 국제 거래에 관한 협약CITES에 의해 국가 간의 무역도 금지되었지요.

현재 유창목이라고 유통되고 있는 것은 대부분 'Verawood'라고 하는, 유창목의 사촌 격에 해당하는 나무입니다. 다행히 20세기 중반 이후 재료공학이 발전하면서 고분자, 합금, 복합 재료 등의 대체재가 많이 개발되어 유창목의 숨통을 조금 틔워 주었습니다.

# 함께 살아가기 위한 재활용

이론적으로는 인간들이 나무를 소비하는 속도와 생장하는 속도가 균형을 이루면 숲이 충분히 보존될 수 있다고 합니다. 다만 꼭 필요한 만큼만 벌채하고, 종이나 목재 등을 최대한 재활용해야만 가능하죠. 그러나 1950년대 이후 전 세계적으로 매년 남한 전체 면적만큼의 숲이 사라지고 있답니다. 절대적인 목재 소비량이 늘어나기도 했지만, 저개발국에서는 밭이나 가축 농장을 만들기 위해서 삼림을 계속 개간할 수밖에 없기 때문입니다. 또한 유럽 등 선진국에서는 대기 오염으로 인해 식물들의 수명이 짧아지기도 했죠. 이러한 현상은 단지 식물 자원이 줄어드는 문제에 그치지 않고, 생태학적으로도 심각한 불균형을 가져 옵니다. 결국 인류에게 위협으로 되돌아오는 것이죠.

나무는 동화처럼 우리에게 항상 아낌없이 모든 것을 내어 주는데, 우리는 걸터앉아 쉴 밑동까지 요구해야 할까요? 대신 우리는 아름다운 상생을 고민해야 할 것입니다. 지금 당장 할 수 있는 재활용부터 조금씩 실천해 보는 것이 어떨까요.

**산림 파괴**
세계자원연구소에 의하면 매년 약 천만 헥타르의 산림이 파괴되고 있다고 한다. 대략 대한민국 국토 만큼에 해당하는 면적이다. 열대림의 연간 감소율이 지금대로 매년 지속되면 원시 열대림은 21세기 동안 모두 훼손될 것으로 조사된다.

# 콘크리트는 어떻게
# 로마 제국을 지탱했을까

천년 제국이라고 불렸던 고대 로마 제국은 당시의 유럽뿐만 아니라 오늘날의 전 세계 구석구석까지 정신적, 문화적으로 크고 작은 영향력을 미치고 있습니다. 그래서 모든 길은 로마로 통한다는 말이 사람들 입에 오르내리게 되었지요. 이 말은 비단 비유와 상징에 그치는 것이 아닙니다. 실제로 당시 로마가 자랑하던 선진적인 도로 체계에 근거한 말입니다.

로마 제국의 중심인 이탈리아반도로부터 마치 바큇살처럼 방사형으로 뻗어 나간 도로망은 100여 개가 넘는 식민지들을 거미줄처럼 연결했습니다. 주요 간선 도로의 폭은 일정한 규격에 맞추어졌는데요. 그 규격은 로마 군단의 전차와 무역상들의 수레가 원활히 다닐 수 있게 한 것이죠. 도로의 단면을 보면 가운데가 살짝 도톰하게 솟아 있어 물 빠짐이 수월하게끔 설계되었고요. 가장자리에는 보행자

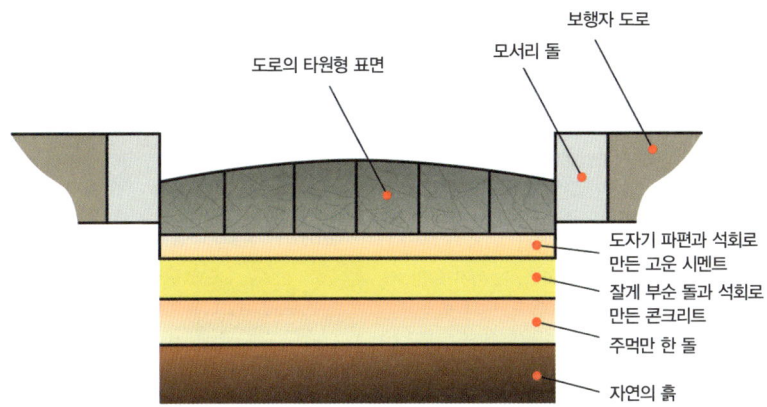

폼페이 유적에 남아 있는 고대 로마 도로의 단면도

들을 위한 통로까지 만들어져 있었으니 현대 도시의 도로들과 별반 차이가 없었죠. 더욱 놀라운 것은 기초를 다진 다음에 콘크리트를 부어 보강 공사를 하고 마지막으로 돌을 다듬어 노면을 포장했다는 점입니다. 당시로서는 가히 첨단 시스템이라고 할 수 있죠.

## 로마는 하루아침에 이루어지지 않았다

로마 제국이 그토록 오랫동안 강성 대국으로 세상을 호령할 수 있었던 이유는 단지 강한 군사력이나 정치 제도만으로는 설명이 안 됩니다. 앞서 이야기한 도로망 이외에도 항만, 상하수도 시설, 원형경

## 페트라

기원전 1세기 경에 만들어진 것으로 추정
된 요르단의 고대 도시 페트라. 나바테아
왕국의 수도로 번영했으나 106년에 로마
제국에 의해 멸망했다. 페트라에 접근하기
위해서는 입구가 3미터도 채 되지 않는 거
대한 자연 절벽으로 들어가야만 했다. 이러
한 협곡이 1킬로미터 이상 이어진다. 깊이
들어가야 하는 구조여서 수 세기 동안 사
람들에게 발견되지 않았다. 페트라에서는
왕의 무덤을 포함한 600개 이상의 묘비가
발견되어 과거 오랜 세월동안 묘지로 추정
되었으나, 고고학자들은 인구 25,000명
규모의 도시 유적임을 밝혀내었다. 사진에
보이는 건축물의 용도는 학자들 사이에서
도 의견이 엇갈리는데, 대체로 나바테아 왕
의 무덤으로 추측하고 있다.

기장 등의 대규모 사회 간접 자본도 있었기에 가능한 일이었다고 생각해요. 나라가 부강해지고 백성들이 편리한 삶을 누리게 되니 국가에 대한 자부심과 충성심이 자연스레 우러나 것이죠.

그렇다면 이런 거대 시설물들은 어떤 소재로 만들어야 했을까요? 우선 돌을 다듬거나 벽돌을 굽는 방법을 생각해 볼 수 있겠죠. 그렇지만 돌이나 벽돌로는 복잡한 형태를 만들기도 어렵고, 일정 규모 이상으로 크게 만들기도 어렵습니다. 그리고 숙련된 노동력과 시간이 엄청나게 들어갑니다. 영토는 나날이 넓어지는데 그 성장 속도를 따라가기 힘들겠죠. 더구나 방파제, 제방, 관개수로, 항만의 접안 시설 등 물과 직접 맞닿아야 하는 구조물들을 돌과 흙만 가지고 짓는다는 것은 불가능에 가깝습니다. 이런 대규모의 복잡한 건설 공사를 무리하게 밀어붙였다가는 백성들의 편의는커녕 오히려 원성을 사게 되고 반란까지 일어날 수도 있을 것입니다.

세계 7대 불가사의 중 하나인 요르단의 '페트라Petra'는 돌이나 벽돌로 거대 구조물을 만드는 것이 얼마나 어려운지를 잘 보여 주는 사례입니다. 이것은 나바테아인들이 바위산을 통째로 깎아내서 지은 고대 유적인데요. 나바테아인들은 기원전 700년경 생석회를 만들어 접착제처럼 사용해서 돌벽을 쌓아 올리는 방법을 고안한 장본인들입니다. 그럼에도 불구하고 페트라를 건설할 때에는 일손과 시간이 너무 많이 들 것 같아 포기하고, 차라리 바위를 파내는 편을 택한 것이죠.

로마 제국에서는 이러한 어려움을 극복하기 위해 신기한 소재 하나를 찾아냅니다. 함께 알아보시죠.

## 제국을 지탱한 로마 콘크리트의 등장

로마의 역사를 들여다보면 우리나라와 닮은 점이 꽤 많습니다. 반도 국가로서 대륙과 해양에 모두 접하고 있다는 점도 그렇지만, 사람 이외에는 변변한 자산이 없었다는 점도 비슷합니다.

로마인들에게는 대자연의 심술을 축복으로 바꿀 수 있는 관찰력과 창의력 그리고 이방의 우수한 기술과 문화를 선입견 없이 받아들여 자기 것으로 만드는 포용력이 있었습니다. 로마인들은 자신들의 능력과 이집트인들이 피라미드를 짓는 데 사용한 시멘트 기술을 응용해서 '콘크리트'를 발전시켰습니다.

로마 제국의 중심지인 이탈리아반도에 살던 사람들은 예로부터 시도 때도 없이 불을 뿜는 화산 때문에 골머리를 앓았어요. 로마 제국의 유명한 도시 중 하나인 폼페이를 순식간에 용암 속에 묻어버린 '베수비오산' 때문이었죠. 베수비오산 인근 나폴리에서 조금 떨어진 곳에 조그마한 항구가 하나 있었는데요. 항구는 화산에서 풍겨 오는 유황 냄새에 찌들어 있었기 때문에 '역한 냄새가 난다'라는 뜻으로 '포추올리' 항이라고 불렸습니다. 이 동네에는 늘 화산재가 흩날

1872년에 일어난 베수비오산 분화

렸는데, 바닷가에 널려 있는 화산재 성분의 모래를 '악취 나는 동네의 먼지'라는 뜻으로 '포촐라나Pozzolana'라고 불렀어요. 그런데 이게 아주 요물이었죠. 석회 가루와 섞어 반죽을 만들어 물속에 던져 넣으면 자기들끼리 알아서 뭉쳐지며 단단하게 굳었습니다. 보통의 모래나 흙은 아무리 세게 뭉치고 다져도 물속에 들어가면 다 풀어지고 파도에 쓸려갔거든요. 그런데 오히려 고약한 냄새를 풍기던 이 모래는 말 그대로 물 만난 고기처럼 물을 빨아들이며 튼튼한 구조물을 만들어 냈습니다. 이것이 고대 로마 제국을 지탱한 소재, '로만 콘크리트'입니다.

로만 콘크리트로 제작된 만신전. 그림은 〈로마 판테온의 내부〉, 조반니 파올로 파니니

# 로만 콘크리트 기술의 백미, 만신전

화산이 폭발을 통해 고운 가루로 만들어 뿌려 준 화산재는 당시 로마인들 입장에는 기적의 신소재였습니다. 물만 있으면 거푸집의 모양에 따라 얼마든지 복잡하고 거대한 구조물을 뚝딱 만들어 낼 수 있는 마법의 가루였지요. 이것을 라틴어로 '오푸스 카이멘티키움opus caementicium'이라고 불렀는데, 이는 '잘게 부순 돌로 만든 작품'이라는 뜻입니다. 이로부터 '시멘트cement'라는 말이 생겨난 것이죠. 당시 로마의 건축 기술자들은 "어떤 모양이든 어떤 크기이든 말만 하라, 무엇이든 다 만들어 주겠다"라고 호언장담하고 다녔다고 합니다.

로만 콘크리트의 우수성을 그대로 보여 주는 건물은 2세기 초에 지어진 '만신전pantheon'입니다. 지름과 높이가 각각 43미터에 달하는 이 건물의 반구형 중앙부는 철근이나 나무 등의 뼈대를 전혀 사용하지 않고 세워진 세계 최대의 건축물로 알려져 있습니다. 게다가 천장 한가운데는 둥근 구멍까지 뚫려 있는데도, 순전히 콘크리트의 힘만으로 이천 년 동안이나 굳건히 버티고 서 있습니다.

# 인류가 되찾은 콘크리트 기술

안타깝게도 로마 제국이 쇠락하면서 로만 콘크리트 기술도 함께 명맥이 끊어지고 말았습니다. 로마 제국의 건축 기술자들은 이민족들의 침략을 받자 수난을 피해 세계 각처로 뿔뿔이 흩어졌습니다. 타지에서 기술자들은 로만 콘크리트를 만들 수 없었어요. 새로 정착한 곳에서는 마법을 부려 줄 화산재를 얻기가 어려웠기 때문이겠죠. 로마인들은 화산재를 어떻게 다루는지는 잘 알고 있었을지언정 화산재 자체를 그대로 만들어 낼 수는 없었습니다.

이후 19세기 초까지는, 지구상의 어느 곳에서도 콘크리트 건축물이 만들어지지 못했습니다. 그러다 마침내 산업혁명의 절정기에 영국에서 포틀랜드 시멘트가 개발되었죠. 새롭게 태어난 현대의 시멘트는 탄소강과 만나 철근 콘크리트로 진화합니다. 이로써 콘크리트는 산업혁명을 이끈 또 하나의 주역인 탄소강과 함께 현대 도시의 스카이라인을 지배하게 되었어요.

# 칼슘은 어떻게
# 인간과 문명의 뼈대가 되었을까

칼슘은 지구 표면에 다섯 번째로 많이 분포하고, 금속으로서는 알루미늄과 철에 이어 세 번째로 많은 원소입니다. 뼈와 치아의 주성분이기도 하죠. 우리 몸을 구성하는 여러 무기질 원소 중 칼슘이 가장 큰 비중을 차지하고 있어요. 그렇다면 왜 우리는 칼슘을 가지고 적극적으로 도구를 만들어 쓸 생각을 하지 않았던 것일까요? 왜 칼슘기 시대는 존재하지 않았던 것일까요?

아쉽게도 우리는 여간해서는 순수한 칼슘을 구경하기 어렵습니다. 원래 칼슘은 마치 인절미처럼 물렁물렁하고 옅은 노란색을 띠는 은백색의 금속인데요. 저는 살면서 칼슘을 직접 봤다는 사람을 거의 만나 보지 못했습니다. 칼슘은 워낙 반응성이 큰지라, 공기 중에 노출되는 순간 바로 산소 및 질소와 결합해서 거무튀튀하게 변해 버리기 때문이죠.

대신 칼슘은 탄산가스나 산소와 결합한 탄산 칼슘, 산화 칼슘 등의 형태로 신석기 시대부터 이미 우리 생활에 깊숙이 들어와 있었습니다. 그래서 칼슘이라고 하면 제일 먼저 떠오르는 것은 반짝이는 금속이 아니라 뼈, 멸치, 우유처럼 흰색의 퍼석한 질감을 갖는 것들이죠.

## 우리 몸을 지탱하는 칼슘

칼슘은 생물의 몸에 다양한 영향을 끼칩니다. 박물관에서 볼 수 있는 화석도 칼슘이 없었다면 까마득한 후손들에게 자신의 존재를 알려줄 수 없었을 거예요. 화석들을 잘 들여다보면 뼈는 물론이고 다른 장기들도 썩어 사라지지 않고 형태가 남아 있는 것을 볼 수 있는데요. 이는 탄산 칼슘이 물에 녹은 상태로 사체의 조직 안으로 들어가 세포막에 침전되기 때문입니다. 이렇게 만들어진 화석은 맨눈으로는 볼 수 없는 매우 미세한 부분까지도 형태가 살아 있어서, 고고학 연구에 아주 귀한 자료가 됩니다.

탄산 칼슘의 도움으로 만들어진 대표적인 화석으로는 미국 북서부와 캐나다에 걸친 로키산맥의 지층에서 발견된 공룡알이 있습니다. 백악기 후기에 형성된 이 지역에는 수많은 공룡 화석 외에 당시에 우거졌던 나무들의 화석도 나이테까지 선명히 보일 정도로 잘 보

**기자의 대피라미드**

기자 지역의 대피라미드는 남쪽에서 몇백 미터 떨어진 채석장에서
캔 석재를 사용해 지어졌다고 한다. 다만 외벽에 사용된 고급 석회
암은 이집트 카이로의 채석장에서 구한 석회암이다. 커다란 석회암
을 옮길 때는 나무로 만든 썰매를 아래에 깔고 그 위에 암석을 올려
줄을 끼어서 옮겼다. 놓은 돌 사이에는 회반죽을 발라 고정했다.

존되어 있죠. 그런데 이 지층이 당시에 활발했던 지각 변동으로 높은 산꼭대기로 올라갔기에 망정이지, 만일 비가 많이 오는 평원 지대에 남아 있었더라면 빗물에 도로 녹아버려 소실되었을 것입니다.

그 밖에도 칼슘은 우리 몸이 제대로 기능하기 위해서 사용되고 있습니다. 칼슘 이온은 전해질로서 우리 근육이 신경으로부터 신호를 받아 움직일 수 있도록 해 주지요. 게다가 우리 몸의 산성도$_{pH}$를 유지해 줍니다. 혈액을 새로 만드는 데에도, 상처 부위에서 혈액이 응고되어 지혈하는 데에도 모두 칼슘이 필요하죠. 그래서 우리는 여러 종류의 음식을 통해서 칼슘을 섭취하고, 필요한 경우에는 보충제를 복용하기도 합니다. 칼슘 보충제는 위산으로 인해 속이 쓰릴 때 제산제로 먹기도 하지요.

## 칼슘으로 세운 피라미드

인류는 탄산 칼슘이 주성분인 석회석$_{limestone}$을 태워 석회$_{lime}$을 얻으면서 본격적으로 칼슘을 사용했습니다. 석회석을 900도 이상에서 가열하면 생석회$_{quicklime}$라고 부르는 산화 칼슘이 생겨요. 이것이 물과 반응하면 소석회$_{slaked\ lime}$이라고 부르는 수산화 칼슘을 얻을 수 있지요. 이미 기원전 7000년 무렵부터 석회 반죽을 사용해서 벽을 바르거나 조각상을 빚었습니다. 석회를 라틴어로는 'calx'라고 하는

데, 이로부터 칼슘calcium이
라는 이름이 나왔죠.

석회석

기원전 2500년 무렵, 이
집트인들은 칼슘의 황산
염 가루를 물에 개어 돌을
붙이는 접착제로 사용했
습니다. 이것이 '석고'입니다.
이집트에 있는 황금 가면으로 유명한 투탕카멘의 무덤과 거대 피라
미드들은 석고가 없었다면 지어질 수 없었을 것입니다. 석고를 영어
로는 'gypsum'이라고 하는데요. 골절상을 당했을 때 부러진 부위를
석고 붕대로 고정하는 것을 '깁스'라고 하는 것도 여기에서 유래된
것입니다.

## 아름다움의 특급 비밀

고대 문명의 발상지인 메소포타미아 지역과 이집트에서는 세제로
쓰던 소다회와 석회를 모래에 섞어 유리를 만들었습니다. 소다회와
석회는 오늘날까지도 우리가 창유리나 음료수병 같은 유리를 만들
때 사용하는 성분입니다. 이러한 유리를 두 가지 핵심 성분인 소다
와 석회의 이름을 따서 '소다석회유리soda-lime glass'라고 해요. 배경지

## 프레스코

프레스코는 젖은 석회 회벽에 안료를 직접 칠해 그림을 그리는 벽화 기법이다. 기법의 핵심은 석회와 공기 중 이산화 탄소 간의 탄산화 반응이다. 회화에 사용되는 석회를 얻기 위해서는 석회석을 고온에 구워야 한다. 구워진 석회석은 생석회가 되는데, 이를 물에 부으면 화학 반응을 통해 소석회가 된다. 소석회 반죽을 벽에 바르면 젖은 상태의 회벽이 만들어진다. 이 상태에서 안료를 칠하면 안료가 회벽에 스며들고, 시간이 지나 공기 중 이산화 탄소와 반응해 다시 석회석에 갇힌다. 이 과정에서 안료는 석회 결정 구조 속에 화학적으로 고정된다. 그리하여 색이 벽면에 깊이 스며들게 되고, 수세기 동안 보존될 수 있다. 프레스코를 사용한 대표적인 그림은 로마의 산티냐치오 성당에 그려진 〈성 이냐치오의 승리〉, 안드레아 포초.

식 없이 글자만 보면 새콤한 향의 톡 쏘는 맛을 지닌 탄산음료쯤으로 오해하기 쉽지요.

이집트인들은 기원전 3500년 무렵부터 묘지의 벽에 석회 반죽을 바르고 이것이 마르기 전에 물감으로 그림을 그려 넣었습니다. 마른 벽 위에 물감을 덧칠하면 벗겨지기 쉽지만, 벽이 젖어 있는 상태에서는 물감이 잘 스며들어 벽의 일부가 되니까 그림이 오래 보존되었죠. 이것이 '프레스코fresco' 벽화인데, 프레스코는 '방금 칠해서 아직 마르지 않았다' 또는 '신선하다'라는 뜻의 이탈리아어입니다.

프레스코 기법은 우리나라 삼한 시대 고분 벽화에도 사용된 기법인데요. 훗날 르네상스 시대와 바로크 시대에 이탈리아를 중심으로 크게 융성했습니다. 칼슘 덕분에 물감칠이 벗겨지지 않기에 우리가 오늘날 수백, 수천 년 전의 미술 작품을 감상할 수 있어요.

## 하얀 흙으로 만든 역사

중생대의 마지막 시기인 백악기에는 조개와 산호 등이 번성했습니다. 이들이 활발하게 분비한 탄산 칼슘이 바다 밑에 퇴적되어 석회암층을 이루었죠. 백악기에는 하나로 연결되었던 초대륙 '판게아Pangea'가 지금의 대륙들로 나누어졌어요. 소행성의 충돌로 지각 변동이 극심했기 때문에 바다 밑에 깔려 있던 석회암이 지표면으로 드러나게

**북쪽에서 바라본 백악관(위)과 남쪽에서 바라본 백악관**

백악관의 외벽에 쓰인 돌은 사암이다. 사암은 연한 회색을 띄는 돌로, 시간이 지나면 얼룩지고 부식되었다. 그래서 돌을 보호하고 미적으로 보기 좋게 하려고 석회를 칠했다.

되었죠. 백악기라는 이름의 유래도 이 시기의 가장 큰 특징인 석회질 퇴적암의 광물명이 '백악白堊'이기 때문입니다. 이는 하얀 흙이라는 뜻인데, 이에 해당하는 영어 광물명이 우리가 대개 '분필'이라고만 알고 있는 'chalk'입니다. 라틴어로 분필이나 점토를 가리키는 'creta'를 따서 백악기는 영어로 'Cretaceous Period'라고 합니다. 소재의 주요 용도에 따라 광물명도, 한 시대의 이름도 지어진 예라고 볼 수 있지요.

백악이라고 하면 또 하나 떠오르는 것이 미국의 대통령 관저인 백악관입니다. 처음 설계 당시 초대 대통령인 조지 워싱턴이 살던 집을 본떠서 외벽을 하얗게 칠한 것인데요. 요즘에는 여러 종류의 흰색 페인트가 있지만, 백악관이 완공된 1800년 무렵만 하더라도 벽을 하얗게 칠할 수 있는 재료는 석회밖에 없었습니다. 그래서 'White House'는 자연스레 '백악관'으로 번역되었지요.

## 칼슘은 창의력에 날개를 달고

분필이라는 어원처럼 석회나 석고는 고대에서부터 어두운 바탕 위에 눈에 잘 띄는 표식을 남기거나 글씨를 쓰기 위한 소재였습니다. 최근에는 전자 칠판을 주로 사용하기에 분필을 구경하기가 힘들죠. 그렇지만 분필이 칠판에 닿을 때 나는 독특한 소리가 주의를 집중시키고 창의력을 자극한다는 장점이 있습니다. 그래서 아직도 많은 강의

자, 수학자, 이론물리학자들은 분필을 더 좋아한다고 합니다. 과거에는 주로 값싼 석고로 분필을 만들었는데, 칠판에 닿을 때 아주 작은 알갱이로 부서지기 때문에 가루가 많이 날렸죠. 그러다 석회석의 주성분인 탄산 칼슘을 쓰면 칠판에도 더 잘 묻고 가루도 덜 날린다는 것을 알게 되었습니다. 그래서 탄산 칼슘을 원료로 만든 분필을 영어권에서는 'dustless chalk', 우리나라에서는 황산염인 석고와 차별화해서 '탄산 분필'이라고 불렀습니다.

2022년 한국인으로서는 최초로 수학계의 노벨상이라고 하는 필즈상을 수상한 허준이 교수는 어느 인터뷰에서 특정 브랜드의 분필을 언급했는데요. 굴 껍데기를 비롯한 몇 가지 비밀 원료들이 들어간다는 이 분필은 일반 분필보다 10배 이상 비싸다고 해요. 하지만 필기감도 부드러운 데다가 잘 부러지지도 않고 먼 거리에서도 선명하게 보이는 명품이라고 합니다. 분필 계의 롤스로이스라는 별명도 있지요. 그런데 일본에서 3대에 걸쳐 내려오던 이 분필 회사가 2015년에 후계자가 없어 문을 닫게 되었답니다. 전 세계의 수학자들은 폐업 소식에 너도나도 사재기에 나섰죠. 다행히 우리나라의 한 학원 수학 강사가 삼고초려 끝에 생산 설비와 상표명을 국내로 들여왔습니다. 이제는 'Made in Korea' 마크를 달고 전 세계로 수출되고 있습니다.

하고로모 분필

이 분필의 상표명은 우리말로 '날개옷'이라는 뜻인데

요. 우리의 뼈만 튼튼하게 해 주는 줄 알았던 칼슘은 우리의 생각에도 날개옷을 입혀 주었습니다. 심미안과 지혜 그리고 창의성으로 인간이 높이 날아오를 수 있도록 도와주는 소재가 되었죠.

## 강한 전투력은 따뜻한 전투 식량으로부터

2000년대 들어서면서부터 세계 각국의 군인들 사이에서 한류 붐을 일으키고 있는 분야가 하나 있습니다. 바로 '전투 식량'입니다. 우리 장병들이 평화유지군으로 파병될 때, 타국에서 온 군인들이나 현지 주민들과 친구가 될 수 있는 가장 좋은 방법이 바로 우리 전투 식량을 나눠 먹는 것이라고 해요. 러시아와 전쟁 중인 우크라이나 병사들이 우리나라 전투 식량을 먹고 엄지를 드는 모습이 유튜브에서 방영되기도 했죠. 특히 한국군의 전투 식량은 즉석에서 데워 먹을 수 있는 발열팩 기술이 매우 뛰어나기로 유명하답니다.

일찍이 나폴레옹이 "잘 먹은 군인이 잘 싸운다"라고 했을 정도로, 전쟁터에서의 따뜻한 한 끼 식사는 전투력을 최고로 유지해 줄 수 있는데요. 불을 피우면 불꽃과 연기로 인해 적에게 들킬 수 있기 때문에 화학 반응을 이용해 음식을 데우는 방법이 개발되었어요. 이때 발열 소재로 안성맞춤인 것이 생석회, 곧 '산화 칼슘'입니다. 산화 칼슘이 물과 반응하면 '수산화 칼슘(소석회)'으로 변하면서 열이 발생해요. 시멘트를 양생할 때 열이 나는 것과 같은 원리입니다. 즉 전투식량은 산화 칼슘이 들어 있는 주머니에 물을 붓거나, 칼슘과 물을 별도의 공간에 보관하다가 줄을 당겨서 서로 섞이게 하는 방식으로 데울 수 있는 것이죠. 특히 우리나라 발열팩에는 물이 끓으면서 발생하는 수증기마저도 따로 흡수해서 제거하는 특허 기술도 들어 있습니다.

## 보이지 않는 곳에서 일하는 칼슘

한편, 금속 형태의 순수한 칼슘은 오늘날 철강 공업에 없어서는 안 될 존재입니다. 칼슘이 산소나 황 등의 원소들과 반응하는 것을 워낙 좋아하다 보니 이들과 힘을 합쳐서 쇳물 속에 있는 불순물들을 화학적으로 처리하는 역할을 하지요. 따라서 소량의 칼슘만 있으면 철강의 정화 작용은 물론이고 철강을 주조하기도 편해집니다. 따라서 더 강하고 튼튼한 강철을 만들 수 있어요.

칼슘은 일반 내연기관 자동차에 들어가는 납 축전지lead-acid battery에도 사용됩니다. 납 전극에 칼슘을 0.1퍼센트만 넣어 합금해 주면, 수분 손실과 자가 방전을 줄여서 수명이 다할 때까지 별도의 유지 보수가 필요 없는 전지가 되지요. 또한 칼슘은 미래 에너지원 중 하나인 수소 연료전지의 연료인 수소 가스를 저장하는 데에도 사용됩니다. 보이지 않는 곳에서 우리가 다른 소재들을 안정적으로 사용할 수 있도록 도와주는 고마운 물질입니다.

**5장**

# 소재로 말하고,
# 소재로 기억하다

# 종이는 어떻게
# 정보 혁명을 불러왔을까

우리는 매우 얇은 것을 '종잇장' 같다고 표현합니다. 겉모양으로는 위협적으로 보이지만 실제로는 별 볼 일 없는 존재를 빗대어 '종이호랑이'라고 하지요. 이렇듯 일반적으로 종이를 생각하면 약하고 실속 없는 이미지가 떠오르곤 합니다. 그러나 어찌 보면 "펜은 칼보다 강하다"라는 말보다 "종이는 칼보다 강하다"라는 말이 더 그럴듯할 정도로, 종이는 우리가 생각하는 것보다 더 큰 위력을 지닌 소재입니다. 함께 알아보시죠.

## 종이는 칼보다 강하다

누구나 얇은 종이 모서리에 손가락을 베어 본 경험이 있을 것입니다.

2014년, 산업디자이너 하이다리Nadeem Haidary는 이러한 경험에 착안해서 100퍼센트 종이로 만든 면도기를 고안했습니다. 방수 처리된 종이 도안에 그려진 점선을 따라 접기만 하면 쓸 만한 일회용 면도기로 변신하는 아주 재미난 물건이었지요. 안타깝게도 상품으로 팔리지는 못했지만, 친환경 기술로서 큰 관심을 끌었습니다.

이처럼 21세기 플라스틱 공해를 해결할 구원 투수로 주목받는 소재는 종이입니다. 20세기에는 플라스틱에 밀려났었지만, 이제는 역전을 노리는 것이죠. 정보기술이 비약적으로 발전하면서 가장 위협을 받았던 소재도 종이였습니다. 개인용 컴퓨터와 프린터가 등장하면서 곧 사무실에서 종이가 사라지게 될 것이라고 모두 예상했지만, 종이의 사용량은 오히려 더 늘었죠.

우리말 표현에 "기둥뿌리를 뽑는다"라는 말이 있죠. 규모가 작은 한옥을 철거할 때는 벽에 바른 황토를 대강 부수어서 떼어 낸 후에 기둥 하나에 동아줄을 걸고 인부 여러 명이 달려들어 잡아당깁니다. 그러면 기둥이 주춧돌에서 빠져나오면서 집 전체가 우르르 무너져 내리게 되죠. 일제강점기에 일본은 조선을 근대화 하겠다고 신작로를 내느라 다닥다닥 붙어 있는 한옥들을 많이 철거했어요. 그 과정에서 500년 묵은 어떤 고택古宅을 해체하던 대목장♦들이 깜짝 놀란

♦ 대목장과 소목장
나무를 다루어 집이나 다른 건물을 짓는 기술자를 대목장, 가구나 생활용품을 만드는 기술자를 소목장이라고 부른다.

사건이 있었다고 합니다. 기둥이 통째로 빠졌는데도 집은 한 번 크게 출렁일 뿐 그대로 서 있었기 때문이었죠. 기둥 네 개 중 세 개가 빠질 때까지도 집은 무너지지 않고 버텼다는데요. 그 이유는 500년 동안 한지로 계속 덧바른 도배지가 3센티미터가 넘도록 두껍게 쌓여서 서까래의 무게를 그대로 받치고 있었기 때문이라고 합니다.

이 이야기는 아마도 사람들의 입을 거치면서 많이 부풀려졌을 것입니다. 하지만 이미 중국의 5호 16국 시대부터 종이로 갑옷을 만들어 입었고, 2020년 도쿄 올림픽에 이어 2024년 파리 올림픽에서도 종이로 만든 침대 등의 가구를 사용한 것을 보면 아주 허황된 이야기만은 아닐 것입니다.

## 종이 이전의 종이

고대의 발명품들은 대부분 그 기원을 정확히 알 수 없지만, 종이는 드물게도 누가 언제 처음 만들었는지에 관한 확실한 기록이 있는 물건입니다. 아무래도 기록을 남길 수 있는 소재인 종이였기에 가능했겠죠. 인류 최초의 종이는 후한 시대의 환관 채륜蔡倫이 105년에 나무껍질, 모시 조각, 찢어진 어망 등을 모아서 만들었다고 합니다. 그런데 한자로 종이를 나타내는 '지紙'라는 글자는 채륜이 종이를 만든 것보다 훨씬 이전부터 쓰이고 있었습니다. 이게 도대체 어찌 된 일일까요?

원래 '지'라고 하는 것은 질이 낮은 누에고치로 만든 일종의 부직포 같은 것이었습니다. '겸縑'이라고도 불리는 이것을 가리켜 학자들은 '종이 이전의 종이'라고 설명하기도 해요. 지 한 필疋◆의 가격이 쌀 여섯 석, 즉 거의 1톤 트럭 한 대 분량의 쌀값에 육박했다고 하니, 여전히 비싼 물건이었지요. 심청이의 몸값인 공양미 삼백 석을 '지'로 환산하면 무려 50필이나 바쳐야 하는 셈입니다.

인류는 신석기 시대부터 '삼hemp'으로부터 섬유를 뽑아내어 베를 짜고 옷을 만들어 입었습니다. 그런데 삼이 무엇인지 아시나요? 가끔 마약 관련 뉴스를 보았을 텐데요. 마약 중에서 '대마초'라는 마약을 들은 적 있을 것입니다. 여기서 나오는 대마大麻의 줄기 껍질에서 얻은 섬유를 삼이라고 해요.

이때 삼 줄기를 개울물에 담가 불려서 희게 만들었는데, 이러한 작업을 '표漂'라고 했습니다. 표는 원래 물결에 휩쓸려 떠다닌다는 뜻입니다. "고장 난 배가 표류漂流한다"라고 할 때처럼 말이죠. 즉 섬유 가닥들이 물살에 밀려 흐느적거리면서 불순물들이 빠져나가는 모양을 묘사한 것입니다. 현대에 옷을 희게 만드는 약품을 '표백제'라고

---

◆ 필

옷감의 길이를 나타내는 단위로, 어른 옷 한 벌을 지을 수 있는 분량이 기준이다. 사람들의 체격과 옷의 형태가 제각각인 만큼 시대와 지역에 따라서 기준이 천차만별이었다. 하지만 옷감의 폭은 베틀의 크기를 기준으로 대략 한 자(尺, 32.7센티미터) 정도로 정해져 있었다. 조선 세종 때의 기록에 따르면 한 필의 길이는 16.35미터라고 한다.

**대마**

대마의 꽃, 잎, 진액은 마약이다. 줄기 껍질, 씨앗, 뿌리는 마약이 아니다. 대마초는 농약 없이
빠르게 자라는 것이 특징이며, 탄소 흡수량이 나무의 두 배여서 기후 위기 해결책 중 하나로
주목받고 있다. 사진은 자연에서 볼 수 있는 대마(위)와 가공한 마약류 대마다.

하는 것도 여기서 나온 말이지요. 그래서 '표백'이란 말도 표면을 희게 한다는 뜻이 아니라 물에 담가 풀어서 희게 한다는 뜻입니다.

표가 사용된 또 다른 단어로는 '표모'가 있습니다. 과거에는 여성 일꾼을 각기 맡은 일에 따라 유모, 식모, 침모 등으로 불렀던 것처럼 길쌈을 위한 섬유를 다듬는 사람을 표모라고 불렀습니다.

기원전 약 4000년경부터 사람들은 누에를 쳐서 고치로부터 명주실을 뽑아내는 방법으로 섬유를 가공했습니다. 원료는 삼에서 누에고치로 바뀌었지만, 섬유를 가공하는 방법은 크게 바뀌지 않았는데요. 고치가 오래되었거나 섬유가 너무 짧아서 품질이 떨어지는 것들은 삼을 다룰 때와 마찬가지로 물에 담가 두드렸습니다. 이렇게 하면 '풀솜floss'이 만들어지고, 이것을 발이나 채반에 건져서 널어놓으면 풀처럼 찐득한 '섬유소fiber'가 남게 되죠. 이것을 다시 건조해서 얻는 얇은 필름 같은 것이 바로 '지'였습니다.

## 지식은 종이를 타고 퍼진다

채륜의 업적은 이 세상에 없던 종이라는 개념을 최초로 탄생시킨 것이 아닙니다. 이미 알려져 있었으나 가격이 너무 비쌌던 종이를 누구나 큰 부담 없이 사용할 수 있도록 한 것이지요. 버려지는 재료들로부터 섬유질을 추출해 종이를 아무나 쓸 수 있게 된 것이 종이의 탄생보다 더 중요한 것 아닐까요? 결국, 채륜은 종이의 발명자보다는 위대한 '업사이클링upcycling' 기술의 발명자라고 하는 편이 더 어울릴지 모릅니다.

채륜은 이 공로로 제후의 지위에 올라 채후라는 칭호를 받았어요. 이 때문에 채륜이 만든 종이는 기존의 지와 구분해서 '채후지'라고 불렀습니다. 종이가 보급되기 시작하면서 후한 시대부터 새로운 서체들이 나타났고, 서예가들이 많이 배출되었습니다. 좋은 책들에 대한 필사본이 많이 만들어져서 지식과 정보의 전달에 가속도가 붙었죠.

진晉나라 때 문인 좌사左思는 과거에 연거푸 낙방하자 집에 틀어박혀서는 장장 10년에 걸쳐 책을 집필했습니다. 삼국지에 나오는 위, 오, 촉나라의 도읍지를 묘사한 《삼도부》라는 대서사시였지요. 이 책을 우연히 읽은 당대 최고의 문장가 장화張華가 극찬하는 바람에 단숨에 유명해졌습니다.

예나 지금이나 마찬가지로, 무엇 하나가 유행한다 싶으면 사람들은 너도나도 따라 하기 마련입니다. 당시에는 인쇄 기술이 없었어요. 그래서 글을 읽고 쓸 줄 아는 사람들이라면 앞다투어 종이를 구해서 《삼도부》를 베껴 적은 바람에, 종이 가격이 껑충 뛰었다고 해요. 그래서 오늘날 베스트셀러를 가리켜 "낙양(또는 장안)의 지가紙價를 올린 걸작"이라고 하는 말이 생겨났습니다.

# 두루마리에서 책의 형태가 되기까지

종이가 보급되기 이전, 문서들은 대개 얇은 나무판자로 만든 목간이나 대나무를 켜서 만든 죽간, 비단이나 양가죽 위에 작성되었습니다. 이런 것들은 둘둘 만 두루마리 형태로 보관하고 운반하곤 했지요. 두루마리 형태의 문서는 내가 보고 싶은 부분이 어디이건 상관없이 무조건 처음부터 펼쳐 봐야 합니다. 이것을 '스크롤scroll'이라고 불렀습니다. 오늘날 컴퓨터 화면에서 보는 '스크롤바'도 여기에서 유래했습니다. 긴 문서를 컴퓨터 모니터에 띄워 놓고 읽을 때, 아랫부분의 내용을 더 보고 싶으면 옆에 있는 스크롤바를 내려야 하지요.

전설에 의하면, 고대 로마의 정치인인 율리우스 카이사르Julius Caesar가 전장에 나가 있는 부하들에게 전령을 보냈다고 합니다. 그는 명령서의 부피를 줄이기 위해 스크롤을 감는 둥근 막대를 빼고 마치 아코디언처럼 지그재그로 접어서 보내라고 명령했지요. 이런 형태를 '콘서티나concertina'라고 하는데, 마야나 아즈텍 유물에서도 유사한 문서 형태가 발견됩니다. 로마인들은 곧 여기서 힌트를 얻어 양피지를 일정한 규격으로 잘라 페이지를 만들고 한쪽을 묶어 오늘날 우리에게 익숙한 책의 형태를 만들었습니다. 이것을 '코덱스codex'라고 합니다.

코덱스는 정보의 검색과 재생산에 혁신적인 변화를 일으켰습니다.

**코덱스 보르지아를 펼친 모습(위)과 코덱스 보르지아 내지**

코덱스는 양피지, 파피루스 등에 글을 적고 네모나게 잘라 가죽 혹은 나무 등의 표지로 싼 문서다. 초기 코덱스 보르지아는 두루마리 형태였지만 시간이 지나면서 현대의 책 형태로 바뀌었다. 사진은 두루마리 형태에서 현대적인 책 형태로의 전환을 보여 주는 대표적인 코덱스로 알려진 코덱스 보르지아다. 아즈텍 제국에서 만든 책으로, 39장의 동물 가죽을 접어 만들었으며, 각 장은 정사각형으로 책을 펼쳤을 때의 총 길이는 약 11미터다. 종교 제례와 점성술인 의례 수행을 위해 제작되었다.

무조건 처음부터 봐야 하는 스크롤과는 달리, 원하는 페이지를 곧바로 펼칠 수 있으니까요. 페이지마다 매겨 있는 번호를 참고해서 필요한 정보를 훨씬 빠르게 찾을 수 있죠. 휴대전화가 등장하기 전 널리 사용되었던 호출기(삐삐)를 영어로 pager라고 했던 것도, 원래 page라는 단어가 동사로서 책장을 훑어가며 원하는 내용을 빠르게 찾는다는 뜻을 가졌기 때문입니다. 그리고 필사를 할 때도 스크롤은 혼자서 처음부터 끝까지 써 내려가야 했지만, 코덱스는 여러 사람이 나누어 각자 맡은 부분을 작업한 다음에 쉽게 하나로 합칠 수 있었죠.

하지만 코덱스가 발명된 이후에도 사람들은 스크롤 형태의 문서를 훨씬 더 고급스럽고 격식 있는 것으로 여겼는데요. 종이가 보급되고 그에 따라 인쇄술이 발전하면서, 비로소 완전히 역전이 되어 코덱스가 대세로 자리 잡았습니다.

이와 같은 흐름은 20세기에 컴퓨터가 발전할 때도 똑같이 반복되었습니다. 70년대 이전의 공상과학영화나 다큐멘터리를 보면 컴퓨터는 항상 두 개의 릴reel이 이리저리 돌아가는 것으로 묘사되는데요. 실제로 옛날에는 데이터를 마그네틱테이프에 기록했기 때문이죠. 이것을 '순차접근sequential access 방식'이라고 합니다. 스크롤과 구조가 똑같기에 원하는 데이터를 불러오려면 무조건 처음부터 릴을 감아가면서 순서대로 읽어야 했습니다. 그런데 반도체 메모리 소자가 발명되면서 원하는 정보가 저장된 곳의 주소를 직접 찾아 읽는 임의접근random access 방식이 보편화되었죠.

# 지폐에만 쓰이는 특별한 종이

앞에서 언급한 그레셤의 법칙을 증명한 소재도 종이입니다. 종이야말로 부가가치를 무한대로 창출할 수 있는 소재가 아닐까요? 어떤 숫자든지 종이 표면에 찍히는 대로 그 종이조각의 가치가 매겨질 수 있으니까요. 그렇지만 우리 모두 알다시피 아무 종이나 그런 호사를 누릴 수 있는 것은 아닙니다.

지폐를 만드는 종이는 일단 태생부터 다릅니다. 나무에서 추출하는 일반 제지용 펄프가 아니라 목화솜이 주성분인데요. 지폐의 종이는 종이 계의 금수저인 셈이죠. 그래서 일반 복사 용지에 컬러프린터로 복사한 위조지폐는 손에 들고 셀 때 서걱서걱 소리가 납니다. 목화솜으로 만든 진짜 지폐는 빠닥빠닥 소리가 나지요. 우리가 깜빡 잊고 주머니에 지갑을 넣은 채로 세탁기에 돌렸을 때, 영수증이나 메모지 같은 것들은 다 풀어지거나 뭉개지곤 하잖아요. 지폐는 잘 펴서 말리면 멀쩡하게 살아납니다. 지폐의 종이는 소재 자체가 다르기 때문입니다.

미국 상점에서 100달러짜리 지폐를 내면 점원이 받자마자 형광펜처럼 생긴 것으로 귀퉁이를 긋곤 합니다. 형광펜에는 보통의 형광 잉크 대신 아이오딘 잉크가 들어 있습니다. 초등학교 과학 교과서를 보면 나뭇잎에서 광합성을 통해 녹말이 만들어지는 것을 아이오딘

용액으로 확인해 보는 내용이 있지요. 아이오딘은 일반적인 종이에서는 펄프 안에 들어 있는 녹말 성분과 반응해서 남보라색으로 변합니다. 하지만 목화솜에는 녹말 성분이 들어 있지 않기 때문에 색깔이 변하지 않습니다. 손쉽게 위조지폐를 감별하는 방법이죠.

플라스틱의 등장으로, 개인용 컴퓨터의 보급으로, 디지털 경제의 확산으로, 종이는 사라지고 잊힐 위기를 수없이 맞았습니다. 그래도 종이는 인류의 가장 친근한 소재로서 고유의 장점을 끊임없이 드러내면서 새로운 응용처를 개척하고 친환경 소재의 선봉장으로 우리 곁에 머물러 있습니다.

# 유리 한 조각이
# 문화가 될 수 있을까

문화와 예술에 대한 자부심이 남다른 프랑스 국민에게 2019년 4월 15일은 충격과 슬픔으로 가득한 날이었습니다. 유네스코 지정 세계 문화유산이기도 한 노트르담 대성당에 큰 화재가 일어났기 때문이었지요. 파리 시민들은 이 건물의 얼굴 격인 장미창rose window이 무너져 내릴까 봐 발을 동동 굴렀습니다. 다행히 10시간에 걸친 사투 끝에 불길이 진화되었고, 과거 세계대전의 포화 속에서 살아남은 장미창은 이번에도 꼿꼿하게 자태를 지켜냈습니다.

장미창은 정교하게 세공된 석조 창살로 장식한 원형의 '스테인드글라스stained glass'입니다. 고딕 건축의 대표적인 상징이죠. 스테인드글라스란 형형색색의 유리 조각을 이어 붙여 화려한 문양이나 그림으로 구성한 유리창입니다. 그런데 여기에는 고대의 유리 기술이 가지고 있던 단점을 역이용해서 예술로 승화시킨, 인간의 놀라운 창의성이 깃들어 있습니다. 참을성을 조금만 발휘해서 이 장을 계속 읽다 보면 스테인드글라스의 비밀을 발견할 수 있을 것입니다.

## 인류의 역사와 동행한 유리

빛을 받아 영롱하게 빛나는 정교한 유리 공예품들을 보고 있노라면, 마치 유리는 근대에 인간이 발전된 과학기술의 힘을 빌려 발명한 소재같이 느껴지기도 합니다. 그렇지만 인류가 유리를 사용하기 시작한 것은 저 먼 구석기 시대까지 거슬러 올라갑니다.

인류는 신체적으로 다른 동물들에 비해 별다른 장점이 없습니다. 그래서 약육강식의 생존경쟁을 해야 하는 자연에서 살아남으려면 날카로운 모서리가 있는 도구가 필요했을 것입니다. 주변에서 쉽게 구할 수 있는 소재 중에서는 돌이 가장 적합한 소재였지요.

인류가 수많은 종류의 돌 중에서 유독 색깔이 검고 표면이 매끈한 돌을 깨뜨렸을 때, 월등히 예리하고 곧은 날을 얻을 수 있었습니다. 이것이 바로 인류가 처음 자연에서 찾아낸 유리질 암석, '흑요석'입니다.

흑요석

# 화산 주변의 검고 날카로운 돌

흑요석은 아무 곳에서나 쉽게 찾을 수 있는 것이 아닙니다. 화산 부근에서만 구할 수 있는 유리질 암석이죠. 유리질이라는 말은 물질을 구성하고 있는 원자들이 불규칙하게 배열되어 있다는 뜻인데요. 이러한 조직은 모래 같은 성분의 암석이 완전히 녹았다가 급격히 식었을 때만 만들어집니다. 그래서 먼 옛날에는 화산 말고는 유리가 생성될 수 있는 곳이 흔치 않았죠.

흑요석을 다루는 기술은 후기 구석기 시대에 조금 더 발전합니다. 흑요석이 '좀돌날'이라는 형태로 진화했어요. 손가락 길이의 얇은 조각을 여러 개 떼어 내서 마치 레고 블록처럼 이리저리 조합해 다양한 종류의 도구를 제작하는 데 사용되는 석기죠. 구석기 시대의 맥가이버 칼이라고도 불릴 만큼 혁신적이었습니다.

좀돌날은 현대의 외과용 수술칼보다도 더 날카롭고 매끈한 단면을 자랑합니다. 이것은 좀돌날의 소재인 흑요석이 유리질로 되어 있었기 때문에 가능해요. 따라서 인류는 흑요석을 구하기 위해 화산을 찾아 수백 킬로미터를 이동하는 수고도 마다하지 않았습니다. 우리나라에서 발견된 유물이 그 증거입니다. 공주 지역에서 출토된 유물들은 백두산에서 나는 흑요석과 조성이 일치하고, 홍천 지역에서 출토된 유물들은 일본 후쿠오카에서 나는 것과 일치합니다.

# 번개와 유성이 일으킨 마법

사막 지역에 살던 사람들은 간혹 모래 속에서 마치 나무처럼 가지가 무성한 투명하고 반짝이는 유리 기둥을 발견하기도 했습니다. 이것을 '섬전암fulgurite'이라고 부르는데, 사막에 벼락이 내리쳤을 때 모래가 순식간에 녹았다가 번개 형상 그대로 굳으면서 만들어지는 것입니다. 그래서 이것을 '번개 화석'이라고도 합니다.

이와 비슷한 현상은 2900만 년 전 리비아의 사하라 사막에서도 일어났습니다. 거대한 유성체meteorite가 사막으로 떨어졌지요. 이 충돌로 거의 핵폭탄이 폭발하는 것만큼의 에너지가 고스란히 사막에 전달되었는데요. 사방 수십 킬로미터에 달하는 면적의 모래가 유리로 바뀌어 버렸습니다. 더구나 이 유리는 98퍼센트 순도의 이산화규소로 이루어졌습니다. 이 정도로 순수한 유리는 인간의 힘으로는 좀처럼 만들기 어렵습니다. 이산화 규소의 함유량이 높을수록 훨씬 더 높은 온도로 녹여야 하기 때문입니다. 우리가 현재 일상에서 사용하는 유리잔이나 창유리에는 이산화 규소가 약 70퍼센트 정도 들어 있어요. 흑요석에는 약 80퍼센트 정도 들어 있습니다. 98퍼센트의 순도가 얼마나 대단한지 아시겠죠?

리비아 사막에 떨어진 유리를 '리비아사막유리Libyan desert glass' 또는 충돌로 만들어진 암석이라는 뜻으로 '임팩타이트Impactite'라고 부

룹니다. 후기 구석기 시대 인류
는 이것 역시 가져다가 날카로
운 날붙이를 만드는 데 사용했
습니다.

　이집트의 투탕카멘Tutankhamun
의 무덤에서는 이집트 역사상
가장 유명한 유물들이 출토되었
습니다. 그중에는 투탕카멘 미
이라의 심장 위에서 발견된 노
르스름한 쇠똥구리 형상의 장식

투탕카멘의 무덤에서 출토된 장식. 가운데
황록색의 쇠똥구리가 리비아사막유리를
채취해서 만든 조각품이다.

품이 있었죠. 이 장식의 소재는 그때까지 알려진 어떤 종류의 보석과
도 일치하지 않았습니다. 1990년대에 와서야 그 성분과 미세구조가
리비아사막유리와 같다는 것이 밝혀졌어요.


## 대자연을 흉내내다: 인간이 만들어 낸 유리

토기를 굽기 시작하면서 인류는 점차 모래를 녹일 수 있을 만큼 뜨
거운 불을 피울 수 있게 되었습니다. 때로는 뜨거운 불 속에서 토기
표면이 매끈하게 유리 코팅이 되어 나오기도 했지요. 이미 신석기 시

**이집트 파이앙스**

고대 이집트인들은 나트론을 이용해 유약을 만들어 물품에 발랐다. 이 유약을 이집트 파이앙스라고 하는데, 일반적으로 파이앙스라고 부르는, 주석 산화물을 포함하는 유약과는 확실하게 구분되었다. 이집트 파이앙스를 바른 물건들은 파란색 또는 청록색을 띈다. 사진은 나트론 유약을 바른 하마 조각상.

대부터 이러한 현상을 힌트 삼아 '유약'을 발명했습니다. 유약은 도자기 표면에 덧씌워 광택과 무늬를 아름답게 표현하는 유리 같은 분말 약품입니다.

고대 지중해 연안의 무역을 장악했던 페니키아인들의 주요 교역품은 나트론이었습니다. 두루두루 쓰임새가 많아 고대 문명이 시작된 지중해 일대에서 활발하게 거래되었지요. 페니키아인들은 나트론 덩어리를 배에서 내려 백사장 위에 잠시 부려두고는 그 근처에서 불을 피웠는데, 나트론 밑에 있던 모래들이 유리로 바뀌는 것을 발견했어요. 나트론을 섞으면 모래를 약한 불에서도 녹일 수 있다는 것을 알아낸 것입니다. 이렇게 해서 모래로부터 유리구슬을 만드는 기술이 개발되었고, 유리 제조 기술은 이집트로 넘어가 더욱 발전했습니다. 유리는 인류가 서로 다른 물질을 의도적으로 섞어서 새로운 '소재 제품manufactured product'을 만들어 낸 최초의 사례입니다.

## 스테인드글라스의 비밀

유리를 다루는 기술은 고대 로마에서 꽃을 피웠습니다. 지금 우리가 알고 있는 유리만큼은 아니었지만요. 그래도 반대편이 어슴푸레 비쳐 보일 정도로 빛을 통과시킬 수 있는 유리를 제작할 수는 있었습니다. 로마인들은 이것을 투명하고 광택이 난다는 뜻으로 'glesum'이라고 불렀는데 이 말이 나중에 영어로 'glass'가 되었습니다.

당시 사람들은 창틀에 나무로 된 두꺼운 덧문을 달아 비와 바람이 들이치는 것을 막았습니다. 그런데 이 덧문을 닫으면 햇빛이 차단되어 실내가 캄캄해졌죠. 로마인들은 유리를 만들 수 있게 되면서 나무 문을 유리로 바꿔 달았습니다. 이제 굳이 매번 덧문을 여닫지 않아도 바람은 막으면서 동시에 바깥도 내다볼 수 있는 창유리가 탄생한 것이죠. 그래서 훗날 노르웨이어로 wind와 eye가 합쳐진 말

노트르담 대성당의 스테인드글라스

이 영어로 넘어와 window라는 단어가 만들어졌습니다.

그런데 로마 시대의 기술로는 창틀에 끼울 만큼 크고 편평한 유리 판을 만들 수가 없었습니다. 더 큰 문제는 원료를 제대로 정제하지 못했던 것인데요. 원하지 않는 불순물이 많이 들어가면 불투명한 유리가 만들어지고, 색깔도 제각각으로 나왔어요. 창문을 다 덮으려면 작은 유리 조각들을 이어 붙여서 얼룩덜룩한 큰 판을 만들어야 했지요. 그런데 만들다 보니 인간의 창의성과 심미안이 발동한 것입니다. 예술가들은 미리 도안을 정해 놓고 그에 맞는 색깔의 유리 조각을 찾아 모양을 다듬어서 장식하기 시작했습니다.

그렇게 '스테인드글라스'가 탄생했습니다. 스테인드글라스는 '오염으로 착색되어 얼룩진 유리'라는 뜻입니다. 우리가 알고 있는 화려하고 아름다운 모습과는 정반대의 이름이죠. 그러나 시작이 이렇게 미약했던 스테인드글라스의 끝은 중세의 대표적인 건축 예술로 자리매김할 만큼 창대해졌습니다.

## 유리는 지성에 빛을 비추고

로만 콘크리트와 마찬가지로 유리 기술도 로마 제국의 멸망과 함께 사라졌는데요. 15세기 베니스 인근 무라노 섬에서 화려하게 부활했습니다. 1450년, 무라노의 유리 장인이자 연금술사였던 바로비에Angelo Barovier는 알프스 자락의 아디제 강가에 수정 부스러기들이 자갈처럼 굴러다닌다는 것을 알아냈습니다. 그는 불순물이 많은 모래 대신에 아디제 강에서 골라 온 깨끗하고 흠 없는 자갈들만 부수고 녹이며 유리를 만들어 보았습니다. 완벽하게 무색투명한 이 유리에는 수정을 의미하는 '크리스탈로cristallo'라는 이름이 붙었어요.

무결점이라 할 만큼 깨끗한 유리는 귀하고 비싼 수정을 대체했습니다. 렌즈도 수정 대신에 유리를 갈아서 만들기 시작했죠. 덕분에 안경이 대중화되어서 많은 이들의 시야를 밝혀 주었습니다.

네덜란드의 안경사 리페르셰이Hans Lippershey는 망원경을 발명했습니다. 갈릴레이<sub>Galileo Galilei</sub>는 손수 만든 망원경으로 밤하늘을 관측했다고 하죠. 천체는 완벽한 구형이어야만 한다고 믿었던 당시 사람들에게 갈릴레이가 스케치한 울퉁불퉁한 달 표면은 큰 충격을 주었습니다. 유리로 말미암아 신의 영역이라고만 여겨졌던 천체가 인류의 눈앞으로 바싹 다가오게 된 것이죠.

또한 영국의 훅<sub>Robert Hooke</sub>과 네덜란드의 레이우엔훅<sub>Antoni van Leeuwenhoek</sub> 등에 의해 현미경이 개발되어 생명의 신비가 밝혀지기 시작하고 의학이 발전하게 되었습니다. 뉴턴은 프리즘에 의해 햇빛이 무지개색으로 나뉘는 것을 관찰했는데요. 그는 색깔의 정체에 대해 본격적으로 연구해서 '광학<sub>optic</sub>'이라는 새로운 학문 분야를 개척했죠. 뉴턴이 사용한 렌즈와 프리즘은 신비의 대상이었던 빛의 정체◆를 드러내 주었습니다. 이렇게 유리는 인간의 눈을 통해 지성에 빛을 비추는 계몽의 소재로 발돋움했습니다.

## 독일과 영국의 은밀한 유리 거래

산업혁명이 일어나면서 이전까지는 장인들이 일일이 입으로 불어서

◆ 뉴턴이 빛을 탐구하기 전까지 사람들은 아리스토텔레스의 학설을 믿었다. 아리스토텔레스의 학설은 빛이 가지는 색깔이 4원소(물, 불, 흙, 공기)의 상호작용으로 만들어진다는 것이었다. 이와 반대로 뉴턴의 연구는 각각의 색깔은 고유의 속성을 가지고 있고, 이들이 어우러져서 우리 눈에 들어오는 빛을 구성한다는 것을 밝혀냈다. 아리스토텔레스의 이론을 단번에 뒤집은 것이다.

만들던 유리 제품에도 대량생산의 길이 열렸습니다. 그렇지만 최고 수준의 순도와 정밀도를 요구하는 렌즈는 예외였습니다. 이 분야의 모든 기술은 독일이 독점하고 있었죠. 전 세계에서 최고급 유리 제조는 오직 독일 유리 회사인 쇼트Schott, 렌즈 제작은 독일 광학 회사인 자이스Zeiss만이 할 수 있었습니다. 렌즈 기술의 최고 권위자도 역시 독일의 과학자 아베Ernst Abbe였습니다.

그런데 제1차 세계대전이 일어나자마자 렌즈의 수요가 폭증했습니다. 총과 대포의 성능이 비약적으로 발전했기 때문인데요. 이전까지는 대포의 사정거리가 얼마 되지 않아 맨눈으로도 충분히 조준할 수 있었습니다. 하지만 무기의 성능이 좋아지면서 까마득히 먼 곳까지 포탄을 날려 보낼 수 있게 되니 목표물을 제대로 보려면 쌍안경이 꼭 필요했습니다. 렌즈의 60퍼센트를 독일로부터 수입하던 영국에서는 렌즈가 부족해 난리가 났지요.

1914년, 영국군 사령관은 개인이 갖고 있는 렌즈들을 어떤 종류든 기부해 달라는 호소문을 발표했습니다. 마치 우리나라에서 IMF 경제 위기 때 온 국민이 나서서 '금 모으기 운동'을 벌였던 것처럼요. 영국 왕실을 포함해서, 너도나도 각자 갖고 있던 쌍안경과 오페라 관람용 돋보기, 별을 관측하던 망원경에 이르기까지 렌즈 2000여 점을 내어놓았습니다.

그렇지만 이 정도로는 아직 태부족이었습니다. 전쟁을 제대로 치르려면 렌즈가 최소 수만 개에서 수십만 개까지도 필요했거든요. 영

**유리 불기**

유리 불기는 녹인 유리를 파이프에 붙여 공기를 불어넣어 원하는 모양으로 만드는 유리 성형 기술이다. 여기서 유래해서 유리를 가공하는 기술자들을 모두 아울러 글래스 블로워glass blower 라고 한다. 기원전 1세기 시리아에서 이 기술이 탄생했다.

국 언론은 이 상황을 '유리 기근glass famine'이라고 묘사했죠. 지푸라기라도 붙잡는 심정으로 영국 군수성은 몰래 스위스에 특사를 파견했습니다. 일단 스위스가 독일로부터 렌즈를 사들이고 그것을 다시 영국에 팔도록 설득하기 위해서였죠.

그런데 이게 웬일인가요? 놀랍게도 독일 정부에서 영국에 직접 연락을 했습니다. 스위스를 거치지 말고 직접 거래하자고요! 이렇게 해서 총 5만 개의 쌍안경과 만 개의 소총용 조준경이 영국에 들어오게 되었습니다.

사실 말도 안 되는 영국의 제안에 독일이 응했던 것은 그들 나름대로 절박한 사정이 있었기 때문입니다. 독일에서도 전쟁을 위해 간절하게 필요한 소재가 있었습니다. 바로 '고무'였죠. 당시 영국을 비롯한 연합군 소속 국가들은 다들 식민지를 확보하고 있어서 고무를 충분히 들여올 수 있었습니다. 하지만 독일은 식민지도 없는 데다가 연합군이 대서양으로 통하는 바닷길을 철저히 장악하고 있었기 때문에, 고무 원료를 구할 방도가 없었어요. 렌즈를 못 만들었던 영국과는 반대로 독일은 군용차량의 타이어나 엔진의 팬 벨트fan belt 등을 만들지 못해 전쟁에 질 판이었죠. 이렇게 해서 두 나라 사이에는 자신을 죽일지도 모르는 소재들을 맞교환하는 대타협big deal이 이루어질 수 있었습니다.


이렇듯 먹고 마시는 일상생활에서부터 주거 및 작업 공간, 첨단 과학기술, 문화 여가생활에 이르기까지, 유리는 현대인들의 삶에 깊숙이 들어와 있습니다. "축복은 시련의 모습을 하고 찾아온다"라는 말이 있는 것처럼, 원시 시대 인류를 두려움에 떨게 했던 화산 폭발이나 벼락 등의 자연재해는 인류 역사의 전환점마다 우리 삶의 수준을 한 단계씩 끌어올려 준 유리라는 선물을 남겨 주었습니다.

# 반도체는 왜
# 첨단 기술의 대명사가 되었을까

2016년 3월, 미국 정보통신기업 알파벳의 자회사 구글 딥마인드에서 개발한 바둑 인공지능 프로그램인 알파고AlphaGo가 이세돌 9단과의 바둑 대결에서 승리했습니다. 이후 전 세계적으로 인공지능이 큰 관심을 끌었죠. 그리고 2022년 11월, 대화형 인공지능 서비스 '챗지피티ChatGPT'가 등장하면서, 전문가들의 영역으로만 여겨졌던 인공지능은 우리 곁으로 성큼 다가왔습니다.

챗지피티처럼 시스템에 지능을 부여하려면 방대한 양의 계산이 필요합니다. 이러한 계산을 하려면 반도체가 꼭 필요하기에 반도체의 수요도 따라서 폭발적으로 늘어나게 되었어요. 불황의 늪에 허덕이던 반도체 산업에서 인공지능의 대중화는 가뭄에 단비와 같았습니다.

그런데 반도체가 대체 뭐길래 이토록 중요해진 것일까요? 반도체는 대충 어떤 곳에 쓰이는지 알긴 하지만, 막상 무엇인지 설명하려고 하면 머뭇거리게 되는 소재입니다. 반도체는 글자 그대로, 전기가 아주 잘 통하는 도체와 전기가 잘 안 통하는 부도체의 중간에서 어정쩡하게 있는 물질입니다. 그런데 이렇게만 알고 있으면 반도체를 '반도 채' 모르는 것입니다. 완전한 의미로서의 반도체는 '전기나 빛, 또는 열 등의 자극刺戟에 따라서 도체처럼 될 수도 있고 부도체처럼 될 수도 있는 물질'이죠. 여기서 '반'이라는 글자의 의미는 중간 위치에 서서 양쪽으로 움직일 수 있다는 뜻에 더 가깝습니다.

## 첨단 정보기술의 대명사

전기로 자극을 주어서 전기를 조절할 수 있다면, 굳이 직접 손을 대지 않고도 전기 신호만 가지고 원격으로 끄고 켜는 스위치를 만들 수 있습니다. 이때 스위치가 켜진 상태를 '1', 꺼진 상태를 '0'이라고 인식하면, 이진법을 이용한 계산기를 만들 수 있고요. 이 스위치들을 서로 연결하면 방대한 양의 정보를 저장하고 처리할 수 있는 기계가 됩니다. 이런 기계들을 우리는 컴퓨터라고 부릅니다. 이 기계들의 핵심 부품인 반도체는 첨단 정보기술의 대명사처럼 쓰이게 되었습니다.

　인류가 반도체라는 물질을 제대로 알기 전까지는 까다로운 계산을 하기 위해 덩치가 큰 부품들을 이리저리 조합해서 장치를 꾸며야 했습니다. 처음에는 복잡한 모양의 톱니바퀴를 깎아 기계식 계산기

**튜링의 봄브**
봄브는 독일군의 휴대용 암호기 에니그마를 해독하기 위해 튜링이 만든 해독 장치다.

를 만들었다가, 전기를 사용하기 시작하면서 원통에 일일이 구리 선을 감아 전자석을 만들어 숫자를 처리하도록 했죠. 계산하는 방식이 기계식에서 전자식으로 바뀐 후에도 유리병 안에 필라멘트를 넣어 진공관을 만들어 써야 했습니다. 당연히 계산기가 엄청나게 크고 복잡해질 수밖에 없었죠.

컴퓨터 과학의 아버지로 불리는 영국의 수학자 튜링Alan Turing은 제2차 세계대전 당시 독일군의 암호를 해독하기 위해 기계식 계산기

'봄브Bombe'를 사용했습니다. 이는 길이와 높이가 각각 2미터, 폭이 1미터나 되었지요. 도서관에서나 볼 수 있는 대형 서가를 두 개쯤 포개 놓은 정도의 크기입니다. 또한 대포의 탄도를 계산했던 최초의 전자식 컴퓨터 '에니악ENIAC'은 봄브보다도 무려 15배나 더 컸습니다. 게다가 1만 8000개가 넘는 진공관을 사용했기 때문에 하마처럼 전력을 잡아먹었죠. 한 번 가동하면 필라델피아 시내의 가로등이 깜빡거렸고, 컴퓨터가 설치된 실내는 진공관에서 나오는 열 때문에 찜질방으로 변했답니다. 요즘 휴대용 전자기기를 사용하면서 불평하는 발열 현상은 에니악에 비해 애교 수준이죠. 더구나 진공관이 시도 때도 없이 터져 버리는 바람에 컴퓨터를 사용하는 시간보다 진공관을 교체하는 데 허비하는 시간이 더 길었다고 합니다.

그에 비해 반도체는 소재 자체가 스위치처럼 작동할 수 있는 성질을 지녔어요. 그래서 눈에 보이지 않을 만큼 작은 크기로도 얼마든지 성능이 좋은 스위치를 만들 수 있습니다. 아주 적은 전력으로, 심지어 배터리만 가지고도 작동시킬 수 있고요. 2023년 기준으로 손톱 크기의 반도체 칩 하나에는 무려 천억 개가 넘는 스위치들이 뇌신경처럼 서로 연결되어서 두뇌 역할을 하고 있습니다. 덕분에 우리는 손바닥만 한 스마트폰을 들고 다니면서 그걸로 별의별 일들을 다 할 수 있어요.

# 트랜지스터 시대를 연 저마늄

반도체로 만든 스위치를 '트랜지스터transistor'라고 부릅니다. 트랜지스터를 발명한 쇼클리William Shockley, 바딘John Bardeen, 브래튼Walter Brattain은 1956년에 노벨물리학상을 받았죠. 우리는 반도체라고 하면 실리콘부터 먼저 떠올리지만, 이들이 처음 사용한 소재는 '저마늄Germanium'이었습니다.

트랜지스터

저마늄은 19세기 중반까지도 전혀 알려지지 않은 물질이었어요. 하지만 1869년, 멘델레예프 Dmitri Mendeleev는 이 원소를 발견하기도 전에 저마늄의 존재를 예측했습니다. 원소들의 주기율표를 정리하다가 실리콘과 주석 사이에 규칙을 건너뛰는 빈자리가 하나 있다는 것을 발견했기 때문이죠. 그래서 이 원소는 아마도 실리콘과 화학적 성질이 비슷할 것이라는 뜻으로, '에카실리콘'이라고 불렀습니다.

이후 1885년에 독일의 화학자 빙클러Clemens Winkler가 작센 지역의 광산에서 에카실리콘을 찾아냈습니다. 그래서 이름도 독일을 뜻하는 '저마늄(또는 게르마늄)'이라고 지었어요. 저마늄은 마땅히 쓸모를 찾지 못하다가 반도체로서의 성질을 갖는 것이 알려지면서 제2차 세계대전 때 잠수함의 '음파 탐지 장치SONAR'를 만드는 데 사용되기 시작했습니다.

# 실리콘밸리의 탄생

트랜지스터를 발명한 세 사람 중 쇼클리는 미국 서부의 샌프란시스코 남쪽 스탠퍼드대학교가 있는 팰로앨토로 이주해서 반도체 회사를 차렸습니다. 그는 트랜지스터를 제작할 때 저마늄 대신 실리콘을 사용하는 것이 여러모로 더 유리하다고 믿었죠. 그래서 실리콘으로 트랜지스터를 만드는 연구를 시작했습니다. 실리콘의 원료인 모래는 바닷가에 지천으로 깔린 데 비해, 저마늄은 구하기도 힘든 데다가 스위치를 끈 상태에서도 조금씩 전류가 새는 단점이 있었기 때문입니다. 자동차에 비유하자면 마치 비싸고 웬만한 성능은 괜찮은데 브레이크가 잘 안 듣는 경우와 마찬가지라고나 할까요.

그런데 쇼클리는 부하 직원들을 못살게 굴기로 유명했습니다. 결국 그의 밑에서 일하던 당대 최고 수준의 엔지니어들이 더 이상 참지 못하고 뛰쳐나와 따로 페어차일드 반도체Fairchild Semiconductor를 세웠죠. 이들을 '8인의 반역자Traitorous Eight'라고 부릅니다. 그중 노이스Robert Noyce는 1959년에 실리콘을 가지고 우리가 흔히 반도체 칩이라고 부르는 '집적회로Integrated Circuit, IC'를 발명했는데요. 이로부터 샌프란시스코만 남부 일대의 반도체 관련 기업에서 근무하던 사람들은 자신들이 있는 지역을 '실리콘밸리Silicon Valley'라고 부르기 시작했습니다. 노이스에게는 실리콘밸리의 시장Mayor이라는 별명이 붙었죠. 이후에 노이스는 다시 무어Gordon Moore와 함께 그들만의 회사를 차리는데, 이 회사가 바로 '인텔Intel'입니다. 무어는 "반도체 집적회로의 성능이 24개월마다 2배로 증가한다"라고 하는 '무어의 법칙Moore's Law'을 만든 인물인데요. 1965년 이후 반도체 산업에서는 이 법칙을 신기술 개발의 이정표로 삼고 있습니다.

## 노벨상의 단골손님

반도체는 사실 현대에 갑자기 등장한 것이 아닙니다. 이미 1800년대 초반부터 반도체는 과학자들에게 알려지기 시작했습니다. 저마늄이나 실리콘 말고도 반도체로서의 성질을 갖는 물질은 여러 가지가 있는데요. 이런 물질들은 대부분 빛이나 열 같은 자극이 있으면 전류가 흐르고, 자극이 사라지면 전류가 멈춥니다. 전류의 변화를 관찰하면 빛이나 열이 있는지 없는지 알 수 있죠. 이것이 '센서sensor'의 원리입니다. 또한 빛을 쬐었을 때 스위치가 켜지면서 흐르는 전류를 밖으로 끌어내면 태양전지가 되는 것이죠. 이런 현상들을 이론적으로 탐구하기 위해서 '고체물리학solid state physics'이라는 학문 분야도 새롭게 생겨났습니다.

반도체를 사용해서 최초로 쓸모 있는 물건을 만든 사람은 독일의 물리학자인 브라운Karl Ferdinand Braun ◆이었습니다. 그가 '황화납lead sulfide'을 가지고 전파를 검출하는 장치를 만든 덕분에 무선으로 신호를 주고받는 것이 가능해졌죠. 브라운은 이탈리아의 엔지니어 마르코니Guglielmo Marconi와 함께 무선통신을 발명한 공로로 노벨물리학상을 받았습니다.

반도체는 다양한 분야의 첨단 산업을 이끌고 있으며, 노벨상을 가장 많이 탄생시킨 소재이기도 합니다. 2010년 노벨물리학상의 주인공인 '그래핀graphene'◆◆이 21세기 꿈의 신소재로 주목을 받는 이유도 그것이 반도체의 성질을 나타내기 때문이죠. 미래에는 또 어떤 반도체 소재가 나타나서 정보기술의 도약을 이끌어 낼까요? 우리는 항상 예측을 뛰어넘는 소재 기술의 발전에 놀랄 준비를 하고 있어야 할 것입니다.

◆ **브라운관**

액정화면LCD이나 OLED가 나오기 이전에 사용하던 커다란 TV나 모니터를 브라운관이라고 한다. 이것 역시 브라운이 발명했다.

◆◆ **그래핀**

그래핀은 탄소 원자들이 벌집 모양의 육각형 배열로 수평 방향으로만 연결되어 만들어진 물질이다. 원자 한 층으로만 이루어진, 세상에서 가장 얇은 물질로서, 이 하나의 층만 놓고 비교하면 강철보다도 더 튼튼하다. 또한 전자들이 반도체에서보다 100배 이상 빨리 움직일 수 있는 데다가 빛도 잘 투과하기 때문에 그래핀을 꿈의 신소재라고 일컫는다. 다만, 대량생산 및 가공이 어려워 아직 널리 쓰이지는 못하고 있다. 그래핀 연구로 노벨상을 받은 가임Andre Geim과 노보셀로프Konstantin Novoselov는 그래핀이 층층이 쌓인 흑연에 스카치테이프를 붙였다가 떼는 방식으로 연구에 필요한 그래핀을 얻었다.

# 인류는 어떻게
# 파란색을 사랑하게 되었을까

초등학교에서 색의 삼원색은 빨간색, 노란색, 파란색이고, 빛의 삼원색은 빨간색, 초록색, 파란색이라고 배웠을 것입니다. 그런데 기억을 한 번 되짚어 보세요. 인공적으로 만들어진 물건 말고, 이 세상에 자연적으로 존재하는 것 중 파란색을 띠는 것들은 몇 가지나 있나요? 식물이건 동물이건 또는 광물이건, 빨간색이나 노란색 또는 초록색을 띠는 것들은 많이 떠올릴 수 있습니다. 하지만 파란색을 띠는 것들은 생각보다 찾기가 쉽지 않습니다. 하늘과 바다가 파란색 아니냐고 반문할 수도 있을 텐데요. 파란색은 공기나 물의 고유한 색깔이 아니죠.

하늘이 파랗게 보이는 것은 대기 중 질소 분자가 태양 광선과 충돌하면서 파란색과 보라색 광선을 사방으로 퍼트리기 때문입니다. 인간의 눈에서 색깔을 인식하는 원추체(또는 추상체)는 보라색이 아닌 파란색을 집중적으로 감지하죠. 그래서 우리에게 하늘은 파란색으로 보이는 것입니다. 바다는 그저 하늘빛을 반사할 뿐이지요. 인간의 눈과 구조가 비슷하니 원추세가 발달하지 못한 고래의 눈에는 하늘이란 그저 칙칙한 회색일 뿐이라고 합니다.

## 생각보다 드문 파란색

옛날에는 그림을 그리거나 어떤 물건을 만들 때 원하는 색깔을 내려면, 자연에서 그 색을 띠는 소재를 찾아 염색하거나 겉면에 칠해야 했습니다. 그런데 파란색을 낼 수 있는 소재가 너무나 드물었어요. 선사 시대의 동굴 벽화들에서도 빨간색, 갈색, 검은색 등의 색깔은 찾아볼 수 있습니다. 하지만 파란색이 들어간 것은 알려진 것이 없습니다.

옷감도 마찬가지입니다. 인류가 파란색으로 옷감을 염색해서 몸에 두르기 시작한 것은 문명이 태동한 청동기 시대 이후로 알려져 있습니다. 이런 역사가 그대로 언어와 사상에 반영되었기 때문에, 고대의 기록물에서는 파란색을 표현하는 단어가 거의 등장하지 않는데요. 고대 그리스의 서사시에서는 바다를 초록색, 갈색 또는 포도주색 등으로 묘사하고 있습니다. 로마의 해군 제독이자 철학자인 대 플리니우스는 그의 저서《자연사》에 그리스의 미술 작품들이 네

가지 색깔의 조합으로 이루어져 있다고 기록했는데요. 이것은 빨간색, 노란색, 검은색, 흰색입니다. 여기에도 파란색은 포함되어 있지 않았죠.

파란색에 대한 최초의 기록은 히브리어 성경에 나오는 '테켈레트 tekhelet'라는 단어입니다. 이것은 갑각류나 조개류의 껍데기에서 추출한 진액으로 만든 염료◆죠. 원료나 구체적인 공법에 대한 기록이 남아 있지 않기 때문에 이 염료가 정확히 어떤 색이었는지 아무도 본 사람이 없습니다. 그런데 고대 그리스인들이 성경을 번역하면서 테켈레트는 그리스어로 '히아신스hyacinth'가 되었는데요. 히아신스는 원래 그리스 신화에 나오는 영웅의 이름입니다. 태양의 신 아폴론Apollon과 원반던지기를 하다가 아폴론이 실수로 던진 원반에 맞아 죽었다고 하죠. 그의 피가 흘러내린 곳에서 핀 꽃이 히아신스라는 전설이 있습니다. 자줏빛이 살짝 도는 히아신스 꽃잎의 색깔로 미루어 볼 때, 테켈레트는 대략 파란색과 보라색의 중간 정도를 나타내는 색일 것으로 추측됩니다.

바다 위 거품에서 태어난 미의 여신 아프로디테Aphrodite가 파란색을 연상시키기 때문에 히아신스는 아프로디테에게 성물로 바쳐지기도 했습니다. 기독교가 그리스 지역에 전파될 때, 성모 마리아Maria가

---

◆ 염료와 안료
물이나 기름에 녹은 상태로 다른 분자들과 결합해서 색깔을 바꿔 주는 소재가 염료다. 녹지 않고 고운 가루 상태로 물체 표면을 불투명하게 코팅해 주는 소재는 안료다.

성모 마리아의 옷에 사용된 색을 내기 위해 그림이 제작된 14세기 당시 가장 비싼 안료였던 울트라마린이 사용되었다. 그림은 잉글랜드 왕 리처드 2세의 개인 기도를 위해 제작된 〈윌튼 두폭화〉.

중요한 인물로 떠올랐는데요. 그리스인들이 기독교 교리를 좀 더 쉽게 받아들일 수 있도록, 아프로디테를 연상시키는 존재로 내세운 것이죠. 따라서 파란색은 성모 마리아를 상상하는 색깔이 되었고, 자연스레 성스러움, 순결, 겸양, 미덕, 평안 등을 상징하게 되었습니다.

## 황금보다 비싼 푸른빛

신석기 시대인 기원전 7세기 무렵에 아프가니스탄 지역에서는 선명한 파란색 바탕에 군데군데 금빛 실선 무늬가 들어간 암석이 발견되었습니다. 짙푸른 하늘과 황금빛 햇살을 동시에 품고 있는 듯한 암석이었죠. 이 희귀한 암석은 아프가니스탄과 인더스 문명의 발상지인 하라파 사이에 생긴 무역로를 통해 인더스강 유역으로 전해져서 보석 같은 대우를 받았습니다. 인더스강 유역에서 이 돌은 구슬 형태로 세공되었어요. 인더스 문명에서는 지체가 높은 사람들의 장례에 부장품으로 사용했죠. 이후 이집트로 전해져서 투탕카멘 왕의 황금 마스크에 파란색 장식으로도 사용되었습니다. 사람들은 이 돌을 로마 시대에 발견된 사파이어와 자주 혼동했다고 해요. 고대 기록에 등장하는 사파이어는 실제로 이 돌을 가리키는 경우가 많습니다.

중세 시대에 이 돌은 '라피스 라줄리Lapis Lazuli'라고 불렸습니다. 이는 하늘 또는 천국lazuli의 돌lapis이라는 뜻입니다. 파란색의 유니폼을

즐겨 입는 이탈리아 국가대표팀
의 별명이 아주리 군단Gli Azzurri인
것도 이 이름에서 유래했죠.

라피스 라줄리

중세 유럽에서는 이 돌을 고운
분말로 만든 후에 기름이나 수
지를 섞어 반죽하고 다시 잿물에
개어 '안료'를 만들었습니다. 이
것이 삼원색으로서의 파란색에 가장 가깝다고 알려진 '울트라마린
ultramarine'입니다.

이 안료는 워낙 귀했기 때문에 성모 마리아의 드레스를 그리는 데
만 사용해야 한다는 불문율이 생길 정도였습니다. 실제로 금보다도
훨씬 비싼 가격에 거래되었기 때문에 여러 인물이 등장하는 그림에
서는 중심 인물의 의상을 표현하는 데만 한정적으로 사용되었죠. 그
림의 가격도 이 물감이 칠해진 면적에 따라 매겨졌습니다.

## 파란 것들을 위한 소재

우리가 극작가와 시인으로만 알고 있는 독일의 세계적 대문호 괴테
Johann Wolfgang von Goethe는 뛰어난 과학자이기도 합니다. 1787년 어느
날 괴테는 석회를 굽는 가마의 벽에 푸른 빛 더께가 앉은 것을 보았

**별이 빛나는 밤**

이 그림은 고흐가 생 레미 정신병원에서 요양하며 느꼈던 정신적 고통을 소용돌이로 묘사한 그림이다. 밤하늘 속에서 빛나는 별의 풍경이 인상적인 작품으로, 고흐의 그림에는 프렌치 울트라마린, 코발트 블루, 프러시안 블루가 사용되었다. 그림은 〈별이 빛나는 밤〉, 빈센트 반 고흐.

습니다. 괴테는 값비싼 라피스 라줄리 대신 이것으로 울트라마린을 만들 수 있을 것 같다는 기록을 남겼죠.

1814년에는 프랑스 왕실에 거울을 납품하던 거울 회사 생고뱅St. Gobain의 석회 가마에서도 이와 비슷한 것이 발견되었습니다. 마침내 1828년 튀빙겐대학교의 화학 교수인 그멜린Christian Gmelin이 값싼 재료로 울트라마린을 합성하는 기술을 개발했는데요. 이것을 '합성 울트라마린', 또는 '프렌치 울트라마린'이라고 부릅니다. 곧바로 자연산 울트라마린은 전부 이 합성 안료로 대체되었고 자연산의 가격은 10분의 1로 떨어졌습니다.

이 발명은 19세기 후반에 프랑스에서 인상주의 화파가 일어나는 데에 큰 영향을 주었습니다. 시시각각으로 변하는 주변광에 따라 사람 눈에 비치는 인상을 그대로 표현하고 싶었던 인상파 화가들에게 파란색 물감은 아주 절실한 것이었지요. 합성 울트라마린 덕분에 화가들은 돈 걱정 없이 파란색 물감을 마음대로 쓸 수 있었습니다. 그렇지 않았다면 고흐Vincent van Gogh의 불후의 명작인 〈별이 빛나는 밤〉도 탄생할 수 없었겠죠.

## 노벨상의 주인공이 된 푸른빛

20세기 중반, 반도체 소재를 사용한 발광다이오드Light Emitting Diode,

LED가 발명되어 상용화되기 시작했습니다. 빛보다 열을 더 많이 내뿜는 백열전구나, 습기를 만나면 맥을 못 추는 형광등과는 다르죠. LED는 효율이 높아서 건전지처럼 아주 적은 전력으로도 구동할 수 있어요. 자주 갈아 끼울 필요도 없고 깨질 염려도 없었습니다. 자연히 모든 이들이 LED로 만든 조명등을 기대했죠. 그런데 빨간색, 노란색, 연두색, 초록색까지는 큰 어려움 없이 만들 수 있었지만, 파란색이 또 문제였습니다. 삼원색 중 하나인 파란색이 없으면 대낮 같은 조명을 만들 수가 없기 때문이죠. 반도체라고 다 같은 반도체가 아닙니다. 구체적으로 어떤 반도체인지에 따라 낼 수 있는 색깔이 전부 다릅니다. 유독 파란색을 낼 수 있는 반도체는 좀처럼 찾아낼 수 없었습니다.

형광등에 들어가는 형광물질을 만들던 일본의 화학 회사 니치아 Nichia는 뒤늦게 LED 산업에 뛰어들었습니다. 이미 다른 회사들이 장악하고 있는 치열한 시장에서 경쟁하기란 쉬운 일이 아니었죠. 이 회사의 연구원이었던 나카무라 Shuji Nakamura는 과감하게 청색 LED를 처음부터 개발하는 승부수를 던졌습니다. 그는 아무도 주목하지 않던 질화 갈륨을 파고들었는데요. 회사 경영진을 비롯해서 주위의 전문가들로부터 극심한 비판과 조롱이 뒤따랐죠. 그러나 나카무라는 5년간의 외롭고 끈질긴 노력 끝에 마침내 청색 LED 개발에 성공했고, 2014년에는 노벨물리학상까지 받게 되었습니다.

대부분의 나라와 문화권에서는, 가장 좋아하는 색깔에 대해 설문 조사를 하면 파란색이 1위를 도맡는다고 합니다. 누구나 동경하지만 쉽게 얻을 수 없었던 그 색깔! 그것을 얻기 위해 분투했던 역사 속에는 어쩌면 창조주의 오묘한 섭리가 숨어 있지 않을까 생각해 봅니다. 인간의 창의력과 탐구심을 최고로 자극하고 그 과정에서 하늘을 올려다보며 겸양의 미덕과 진정한 마음의 평안을 다시 한번 돌아보라는 뜻으로요.

# 6강

## 소재 안에 깃든 미래

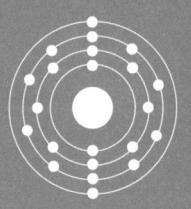

# 리튬은 어떻게
# 전기차 시대를 열었을까

2013년 여름, 테슬라가 내놓은 전기차 모델 S는 곧바로 전 세계 자동차 시장에 돌풍을 일으켰습니다. 당시에는 많은 사람이 제대로 된 전기차가 등장하려면 앞으로 최소 10년은 더 기다려야 할 것이라고 예상했죠. 전문가들이 꼽았던 내연기관에서 전기차로의 전환이 늦어질 첫 번째 이유는 전기에너지를 저장할 배터리의 성능이 턱없이 부족하다는 것이었는데요. 그때까지 하이브리드차 등에서 사용하던 니켈 수소 배터리로는 한 번에 수십 킬로미터만 달릴 수 있었기 때문이었어요. 그렇다고 니켈 수소 배터리를 많이 탑재하면 차가 너무 무거워져서 오히려 더 달리기 힘들어지는 자가당착에 빠졌습니다.

테슬라에서 던진 승부수는 고성능 리튬 이온 배터리를 전격 채용한 것이었습니다. 리튬 이온 배터리는 높은 가격 때문에 작은 크기로도 충분한 노트북 등에만 제한적으로 사용되었어요. 대신 니켈 수

**테슬라의 사이버트럭**

테슬라의 차량에는 차량용 리튬 이온 배터리가 탑재되어 있다. 차량용 리튬 이온 배터리는 단위 무게당 저장할 수 있는 에너지의 양, 즉 에너지 밀도가 높고 동작 전압 또한 높아서 장거리를 운행하는 데 필요한 만큼 차량에 충분히 탑재할 수 있다. 그리고 충방전 효율이 높고 사용하지 않을 때에도 자연 방전이 일어나는 정도가 크지 않아 충전 비용이 저렴하다는 장점이 있다.

소 배터리보다 더 많은 양의 전기에너지를 저장할 수 있을 뿐만 아니라 무게 또한 현저히 가볍죠. 먼 거리를 달릴 수 있을 만큼 배터리를 충분히 실을 수 있는 여유가 생긴 것입니다. 테슬라는 차 밑바닥 등의 숨은 공간을 최대한 활용해서 리튬 이온 배터리를 빼곡히 채워 넣었어요. 마침내 서울에서 부산까지 재충전 없이 한 번에 갈 수 있는 자동차가 탄생했습니다.

# 가장 가벼운 금속

리튬은 세상에서 가장 가벼운 금속입니다. 단일 원소로 이루어진 고체 중에서도 가장 가볍습니다. 다른 금속들과 비교하자면 같은 부피를 기준으로 무게가 알루미늄의 약 5분의 1, 철의 약 15분의 1, 니켈의 약 17분의 1에 불과하죠. 소나무 목재와 비슷하게 물에서는 물론 기름에서도 뜹니다.

리튬이 인류에게 알려진 것은 다른 광물이나 원소들에 비해 그리 오래되지 않았어요. 1817년 스웨덴의 화학자 베르셀리우스<sup></sup>Jöns Jakob Berzelius의 연구실에서 일하던 아르프벳손Johan August Arfwedson은 우퇴위아Utøya섬에서 발견된 암석을 분석하다가 이 안에 새로운 원소가 존재하는 것을 발견했습니다. 베르셀리우스는 여러 가지 원소들의 공식 이름을 짓고 원소 기호를 만든 사람이지요. 그는 이 원소를 돌로부터 뽑아냈다는 뜻으로 그리스어로 돌을 나타내는 'lithos'를 따서 '리튬'이라고 불렀습니다. 이후 리튬은 일반인들에겐 생소하지만 고도의 전문 기술을 요구하는 많은 분야에서 활약하게 됩니다.

1950년대에 미국의 유리 전문 기업인 코닝의 연구소에서는 이 암석을 사용해서 새로운 소재 '유리세라믹(glass-ceramic, 또는 pyroceram)'을 발명했습니다. 보통의 유리와는 달리 유리세라믹은 갑작스러운 열기에 노출되어도 깨지지 않았죠. 이 소재는 곧바로 탄도 미사일의

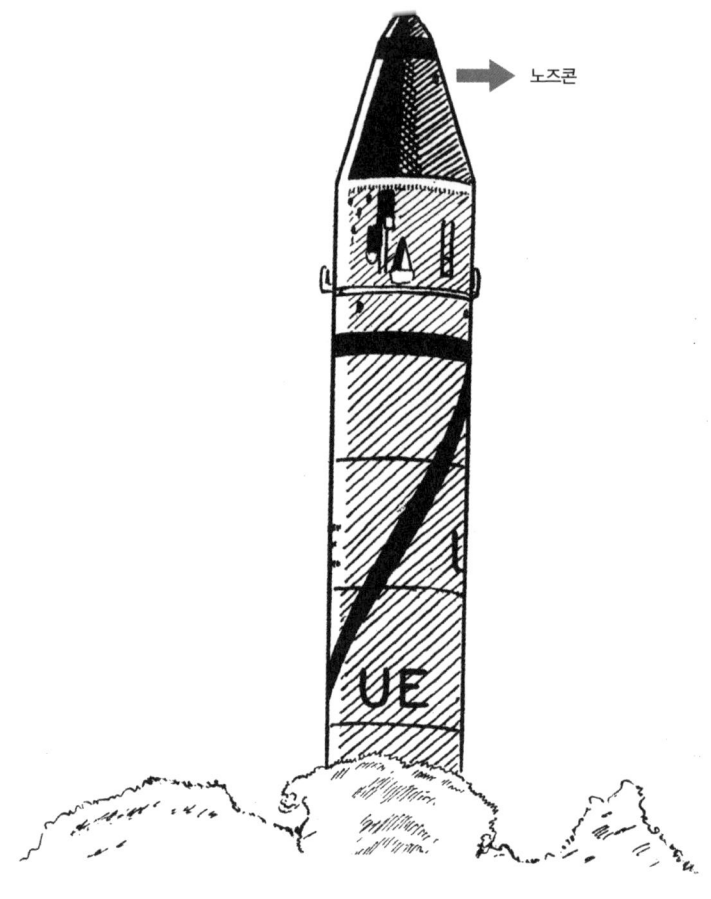

노즈콘

미사일, 로켓, 비행기 등의 맨 앞부분을 노즈콘이라고 한다. 공기역학적 저항을 적게
받을 수 있도록 유선형으로 설계되었다.

탄두 부분을 감싸는 '노즈콘nose cone'을 만드는 데 사용되었습니다. 몇 년 후 이 소재는 불 위에 올려놓아도 깨지지 않는 유리 냄비인 '코닝웨어'로 재탄생해서 주부들에게 선풍적인 인기를 끌었어요. 또한 하이라이트 또는 쿡탑이라고 부르는 전기가열식 조리 기구의 상판으로도 사용되었습니다. 이러한 마술을 부려 준 암석의 핵심 성분이 바로 리튬이었던 것이죠.

## 사람을 살리고 세상을 터트리다

리튬은 여러 물질과 결합한 형태로 활용되었습니다. 1843년부터는 리튬이 이산화 탄소 및 산소와 결합해 만들어진 '탄산 리튬'이 치료제로 사용되기 시작했지요. 탄산 리튬은 방광 내 결석을 치료하는 것부터 통풍, 류머티즘 등을 치료하는 데에 처방되었습니다.

1948년 호주의 정신과 의사인 케이드John Cade는 탄산 리튬이 조울증 완화에 효과가 있다는 것을 발견했습니다. 이후 탄산 리튬은 양극성 정신장애와 조현병을 치료하는 약물로서 사람들에게 널리 알려졌어요. 이것은 유리세라믹과 리튬 이온 배터리가 나오기 훨씬 이전인데요. 리튬의 진가는 과학자나 공학자들보다도 정신과 의사들이 먼저 알아본 셈입니다.

제2차 세계대전을 거치면서 리튬은 항공 기술 발전에도 기여했습니다. 사람들은 리튬이 들어간 비누에서도 특별함을 발견했어요. 바로 다른 알칼리 성분이 들어간 비누들보다 더 높은 온도에서 녹고 칼슘이 들어간 비누보다 부식을 덜 일으킨다는 점이었죠. 항공공학자들은 이 성질을 응용해서 높은 온도에서도 잘 견디는 항공기 엔진용 윤활유를 만들었습니다.

또한 리튬이 수소와 결합한 '수소화 리튬'은 물에 닿으면 수소 가스를 내뿜는 성질을 가지고 있습니다. 제2차 세계대전 당시 미군 항공기 조종사들은 비행복에 알약처럼 생긴 수소화 리튬을 붙이고 다녔어요. 항공기가 바다에 추락하는 경우 여기서 나온 수소 가스가 순식간에 구명조끼와 구명보트를 부풀려 주었지요. 리튬의 다른 화합물 중에는 우주선이나 잠수함처럼 밀폐된 공간에서 이산화 탄소를 흡수해서 공기를 정화해 주는 것들도 있습니다. 비상시에 불을 붙이면 산소와 결합하면서 타는 것이 아니라 오히려 산소를 내뿜어 주는 '산소 양초oxygen candle'라는 것도 있어요.

리튬은 강대국 사이의 핵무기 경쟁으로 인한 수소폭탄 개발에도 사용되었습니다. 핵융합 현상을 이용한 수소폭탄의 원리를 조금 알아보도록 하죠. 양성자가 3개인 리튬에 중성자를 충돌시키면 헬륨과 '삼중 수소tritium'가 만들어져요. 한 개의 양성자와 두 개의 중성자로 이루어진 삼중 수소는 핵융합 반응에 핵심적인 역할을 한답니다. 삼중 수소의 반응을 포착한 미국은 냉전 시대에 엄청난 양의 리튬을 비축해 놓았어요. 그런데 구소련이 무너지고 냉전이 끝나는 바

**수소폭탄**

1952년 11월 1일 미국은 아이비 마이크 프로젝트라는 최초의 수소폭탄 실험을 실시했다.
일루겔럽이라는 섬에서 실시했으며, 폭발 직후 지름이 2킬로미터나 되는 화구가 생겼다.

람에 리튬 가격이 폭락했습니다. 그 덕분에 리튬을 활용한 배터리 개발 등의 활동이 어부지리로 더 탄력을 받는 계기가 되기도 했지요.

# 인류의 혁신을 돕는
# 리튬 이온 배터리

1965년 미항공우주국NASA에서는 리튬을 이용해서 여러 번 충전과 방전을 반복할 수 있는 배터리를 개발하기 시작했습니다. 1974년 영국의 화학자 휘팅엄Michael Stanley Whittingham은 이황화 타이타늄의 원자들 틈으로 리튬 이온들이 들락날락하면서 충전과 방전이 이루어지는 개념을 고안했어요. 리튬 이온이 그만큼 작고 가볍다는 사실에 착안한 것이죠. 이후 1980년대 미국의 구디너프John B. Goodenough와 일본의 요시노Akira Yoshino에 의해 리튬 이온을 움직이게 하는 방법과 구조에 대한 혁신적인 개량이 이루어졌습니다. 그리하여 현재 많은 사람이 이용하는 리튬 이온 배터리가 탄생했습니다.

2019년 노벨화학상은 휘팅엄, 구디너프, 요시노 세 사람에게 공동으로 주어졌습니다. 이처럼 수많은 연구자의 헌신적인 노력 덕분에 리튬 이온 배터리를 포함한 에너지 저장 기술은 나날이 발전했어요. 이러한 노력은 우리가 에너지를 더 효율적으로 사용하고 지구 환경을 지키는 데 도움을 주고 있습니다.

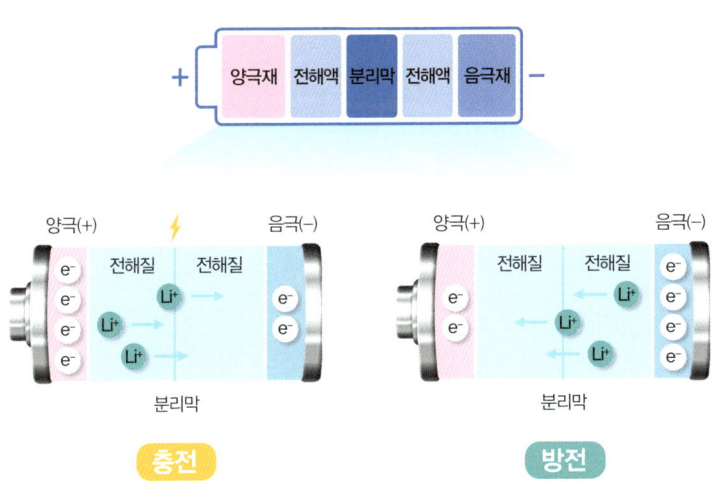

리튬 이온 배터리의 동작 원리

# 철보다 가벼운 타이타늄은 어떻게 거인이 됐을까

로고와 이름만 보면 과일 가게처럼 보이는 애플은 컴퓨터와 스마트폰 등을 만드는 유명한 기업입니다. 애플 덕분에 덩달아 사람들 입에 자주 오르내리게 된 소재가 하나 있어요. 바로 '타이타늄(또는 티타늄)'입니다. 애플은 15번째 스마트폰 시리즈의 몸체를 타이타늄으로 만들었다고 대대적으로 광고했었죠. 그런데 타이타늄 역시 우리가 잘 몰랐던 여러 금속과 마찬가지로, 다른 원소들과 결합한 형태로 이미 오래전부터 우리 삶 속에 깊이 들어와 있었습니다. 타이타늄은 가벼우면서도 강한 금속이어서 작은 거인이라는 별명도 있지요.

# 땅속에 봉인되었던 금속

우리가 일상생활에서 타이타늄이란 말을 듣게 되는 경우는 고작 안경을 새로 맞추러 가서 테를 고를 때가 전부일 정도로 드물죠. 하지만 타이타늄은 지구 표면에 아홉 번째로 많이 존재하는 원소입니다. 우리에게 훨씬 더 익숙한 수소보다도 질량 기준으로 4배 이상 더 많지요. 그러나 타이타늄은 산소나 질소 등과 반응해서 화합물을 만드는 것을 워낙 좋아하기 때문에 자연 상태에서는 금속 형태의 타이타늄을 구경할 기회가 아예 없습니다. 그래서 타이타늄이라는 원소의 존재는 18세기 끝자락 무렵이나 되어서야 사람들에게 어렴풋이 알려지기 시작했어요. 암석으로부터 타이타늄 금속을 추출한 것은 지금으로부터 겨우 100년 남짓밖에 되지 않습니다.

18세기가 저물어 갈 무렵, 영국에서는 성공회 사제이자 광물학자인 그레거William Gregor, 독일에서는 약제사이자 화학자인 클라프로트Martin Heinrich Klaproth가 각각 암석 속에서 당시까지 알려진 어떤 물질과도 일치하지 않는 성분을 발견했습니다. 클라프로트는 이 새로운 성분을 그리스 신화에 나오는 거인의 이름을 따서 타이타늄이라고 불렀죠. 신화 속에서 티탄족은 제우스가 이끄는 올림포스 신족들과의 전쟁 '티타노마키아Titanomachia'에서 패배하고 지하 세계인 '타르타로스Tartaros'에 영구히 감금되는데요. 클라프로트는 타이타늄이 티탄

**티타노마키아**
그리스 신화에서 인간이 존재하기 전에 있었던 티탄족과 올림포스 신족 사이에 벌어졌던 10년에 걸친 전쟁을 뜻한다. 올림포스 신족이 이 전쟁에서 승리했다.


족처럼 암석 속에 봉인되어 있던 상태라고 생각한 것입니다.


## 가벼우면서 단단한 타이타늄

타이타늄이 산소와 찰싹 달라붙으려는 성질은 타이타늄을 광물로부터 추출하고 정제하는 과정을 어렵게 했습니다. 그래서 타이타늄은 비싸고 귀했죠. 다른 한편으로는 이러한 성질이 타이타늄을 아주

고고하고 안정적인 금속으로 만들어 주었습니다.

타이타늄은 공기 중에 노출되자마자 표면이 산소와 반응합니다. 이 반응으로 타이타늄의 표면에는 우리 눈에 보이지 않는 매우 얇은 산화막이 만들어집니다. 그런데 이 막이 아주 치밀하고 단단해서 더는 산화 반응이 일어나지 않도록 막아 주지요. 그래서 그 밑에 있는 나머지 부분은 안전하게 보호될 수 있습니다. 이 피막 덕분에 땀이나 침이 닿아도 타이타늄은 녹이 슬지 않고, 체액에 금속이 녹아 나오지도 않아서 독성도 없어요. 우리 몸이 이질감 없이 아주 친근하게 받아들일 수 있는 금속이지요. 또한 산소와 잘 결합하는 성질을 역이용해서 아주 높은 수준의 진공vacuum이 필요한 첨단 기기 속에 남아 있는 미량의 산소를 제거하는 데에 사용되기도 합니다.

금속 중에서 같은 무게를 기준으로 비교했을 때 타이타늄은 가장 큰 힘을 견딜 수 있는 소재입니다. 순수한 타이타늄은 별다른 가공이나 처리를 하지 않아도 탄소강 같은 철 합금과 맞먹을 정도로 단단하죠. 그에 반해 무게는 거의 절반 수준밖에 되지 않습니다. 그래서 치아 임플란트나 안경테 등에 주로 사용되지요. 정형외과에서 뼈를 제자리에 고정하기 위한 지지대와 나사못으로도 안성맞춤인 소재입니다. 특히 병원에서 핵자기공명영상MRI을 찍을 때 몸 안에 금속제 의료 보조 장치가 들어 있으면 안 되는데, 타이타늄은 자석에 붙지 않기 때문에 아무 문제가 없습니다. 단지 흠이라면 가격이 알루미늄의 10배 정도로 비싸다는 점이지요.

## SR-71

베트남 전쟁 직전이던 1964년에 개발된 미국 공군의 초음속 전략정찰기다. 블랙버드라는 별명을 가진 이 정찰기는 음속의 3배에 달하는 초음속 순항을 위해 전체의 92퍼센트를 타이타늄으로 제작되었다. 그런데 타이타늄 광석은 미국에서는 생산되지 않았다. 최대 생산지는 냉전 상태에 있던 구소련이었다. 미국 정부는 유령 회사를 세워 피자 화덕이나 골프채를 만든다는 명목으로 구소련으로부터 다량의 타이타늄 광석을 몰래 들여왔다.

냉전이 한창이던 1950년대 구소련에서는 극비리에 타이타늄을 잠수함의 소재로 사용하는 연구를 진행했어요. 곧바로 미국에서도 초음속 고고도 항공기의 부품을 타이타늄으로 만드는 연구에 박차를 가했습니다. 이 때문에 냉전이 완전히 종식된 2000년도까지 타이타늄 금속은 미국 정부에 의해 전략 물자로 지정되어 국방부 저장고에 많은 양이 비축되고 사용이 엄격하게 통제되었습니다.

## 이산화 타이타늄의 기적

타이타늄 금속보다 더 먼저, 더 널리 쓰인 것은 '이산화 타이타늄'입니다. 이산화 타이타늄은 고운 가루로 만들면 아주 흰색을 띠기에, 흰색 페인트 또는 플라스틱이나 종이의 백색을 내게 하는 데에 주로 쓰입니다. 우리가 보는 흰색 벽이나 흰 종이의 색깔은 모두 이산화 타이타늄의 색깔인 셈이죠. 또한 사파이어나 루비에 소량 들어 있는 바늘 모양의 이산화 타이타늄 결정은 '성채asterism' 또는 '별빛의 잔상'이라고 하는 독특한 광학적 현상을 나타냅니다. 이런 보석들은 이름 앞에 '스타'라는 말이 붙는데, 그 덕분에 더 비싼 값을 받을 수 있었죠.

별빛의 잔상을 띄는 스타 사파이어

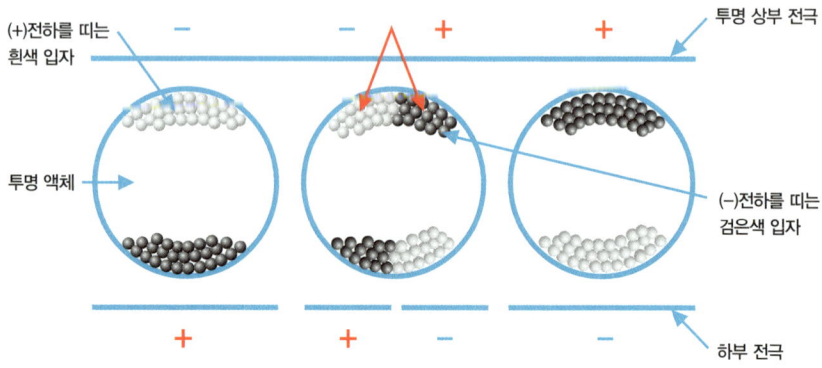

캡슐 내부에서도 흰색과 검은색을 구분해서
나타낼 수 있어 높은 해상도를 갖는다.

(+)전하를 띠는
흰색 입자

투명 상부 전극

투명 액체

(−)전하를 띠는
검은색 입자

하부 전극

전자 종이의 동작 원리

화면이 종이와 비슷한 질감을 갖는 전자책 전용 단말기나, 대형 마트에서 볼 수 있는 실시간으로 업데이트되는 종이 질감의 가격표를 만드는 전자 종이electronic paper에도 당연히 이산화 타이타늄이 들어갑니다. 종이의 흰색을 나타내 주던 이산화 타이타늄과 먹물의 주성분인 탄소 알갱이들이 전기 신호에 따라 서로 반대 방향으로 움직이면서 흰색 바탕과 검은색 글씨를 만들어 주는 것이죠.

## 타이타늄, 아폴론을 이기다

이산화 타이타늄은 우리 몸에도 자주 닿는 물질입니다. 이산화 타이타늄 분말을 아주 작은 나노 입자로 만든 것이 바로 '자외선 차단 제'죠. 이산화 타이타늄은 가시광선을 통과시키지만, 우리 몸에 해로운 자외선은 잘 흡수하는 성질이 있습니다. 그래서 자외선 차단제에는 최대 25퍼센트의 이산화 타이타늄이 들어 있다고 해요. 또한 이 물질을 유리에 코팅하면 김도 서리지 않습니다. 나아가 자동으로 깨끗하게 닦이는 유리창도 만들 수 있죠.

이산화 타이타늄은 광촉매로 잘 알려진 소재입니다. 1950년대에 대형 판유리 제조 공법을 발명한 유리 회사 필킹턴은 2001년에 최초의 자가 세정 유리를 발표했습니다. 이산화 타이타늄이 햇빛을 받으면 유리 표면에 진득하게 달라붙은 오물을 분해해서 나중에 비가 내릴 때 자연스럽게 씻겨 내려가도록 해 주지요. 신들에게 패해 지하에 갇혔던 티탄족이 바야흐로 태양신 아폴론의 공격을 막아내고 때론 아폴론의 힘을 역이용하는 시대가 도래한 것입니다.

금속 중에서 매장량이 가장 많은 알루미늄도 한때는 은보다도 더 비싼 금속이었습니다. 지금은 소재 가공 기술이 발전해서 가정에서 음식물 포장재로 사용할 정도로 흔한 소재가 되었지요. 이처럼, 알루미늄보다 더 튼튼하고 재주가 많은 타이타늄을 제련하고 가공하는 기술도 앞으로 더욱 발전할 것입니다. 가까운 미래에 지금보다 훨씬 더 저렴한 비용으로 우리 생활의 많은 부분에서 널리 사용되는 소재가 될 수 있기를 기대해 봅니다.

# 메타물질로
# 투명 망토를 만들 수 있을까

〈해리 포터〉 시리즈 3편, '해리 포터와 아즈카반의 죄수'에는 투명 망토가 등장합니다. 주인공 해리는 투명 망토를 입고 친구들과 장난을 치기도 하고, 여러 차례 위기에서 벗어나기도 하지요. 속편에서도 계속 해리와 친구들이 들키지 않고 위험한 일을 해내야 할 때마다 투명 망토는 결정적인 역할을 합니다.

누구든지 다른 이들로부터 자신을 숨기고자 하는 열망을 한 번쯤은 가져 보았을 것입니다. 일찍이 1897년에 영국의 소설가 웰즈H. G. Wells가 《투명인간》이라는 제목의 공상과학소설에서 이러한 열망을 드러냈지요. 웰즈는 몸의 '굴절률refractive index'을 변화시켜 사람을 보이지 않게 만드는 상상을 했습니다.

빛이 어떤 물질 속으로 들어가면 속도가 줄어들면서 경계면에서 가고자 하는 방향이 꺾이게 됩니다. 이때 원래 빛의 속도를 물질 속에서의 빛의 속도로 나눈 값을 굴절률이라고 합니다. 굴절률이 같은 물질에 빛이 들어가면 꺾이지 않고 그대로 통과하게 되고, 굴절률이 더 작은 물질이라면 빛이 특정 각도(임계각) 이상으로 입사할 때는 모두 반사됩니다. 일반적으로 밀도가 높을수록 빛이 더 느리게 진행하기 때문에 굴절률은 더 커지는데요. 웰즈의 아이디어는 사람 몸의 밀도를 공기의 밀도와 같게 만들 수만 있다면 굴절률이 같아질 테니 투명 인간이 될 수 있다는 것입니다. 이와 달리 메타물질을 이용한 투명 망토는 굴절률이 음(-)이 되도록 해서 원래 빛이 꺾여야 할 방향과 반대 방향으로 꺾이도록 유도하는 원리를 이용해 물체를 피해 가도록 하자는 것이지요.

과학자들은 이렇게 허무맹랑해 보이는 상상 속에서 또 다른 잠재력을 발견하고 이를 실현할 물질을 찾아내고자 했습니다. 당연히 이런 물질은 자연계에 존재하지 않습니다. 그래서 과학자들은 원자나 분자에 조작을 가해서 자연에서 볼 수 없는 성질을 가지는 새로운 물질을 만들어 냈습니다. 마치 레고 블록을 이리저리 다르게 쌓으면 서로 전혀 다른 구조물이 만들어지는 것처럼요. 이렇게 자연계에 존재하지 않던 물질을 새롭게 설계해서 만들어 낸 것을 '메타물질Metamaterials'이라고 합니다. '메타'는 그리스어로 '범위나 한계를 넘어서다'라는 뜻이죠. 정리하자면 메타물질은 자연계에서 나타날 수 없는 특성이나 현상을 인위적으로 나타내기 위해 만든 물질이라 할 수 있습니다. 10억분의 1미터 단위의 미세한 패턴을 지니게 만든 물질을 포괄적으로 이르는 말이라고 이해하면 좋겠습니다.

## 보일 듯 보이지 않는 투명 망토

우리가 사물을 보기 위해서는 물체와 빛이 만나 반응해야 합니다. 빛이 물체를 만나 반사되고, 반사된 빛이 우리 눈에 들어왔을 때 우리가 물체의 색깔이나 형태를 볼 수 있는 것이죠. 다른 한편으로는, 만약 빛이 물체에 흡수되면 우리는 주변에서 반사 또는 투과되는 빛과의 차이를 가지고 물체가 거기 있다는 것을 알아차릴 수 있습니다. 즉, 투명 망토는 가리려고 하는 물체에 빛이 흡수되거나 반사되는 것을 막고, 빛이 물체를 고스란히 통과해서 우리 눈으로 들어오게끔 해야 제 역할을 하는 것인데요. 어떤 물질로 투명 망토를 만들더라도 빛이 물체를 통과하지 않는 한, 단순히 망토로 덮거나 가리기만 해서는 눈에 보이지 않게 할 수 없습니다.

그렇지만 만약에, 빛을 휘게 해서 물체의

투명 렌즈

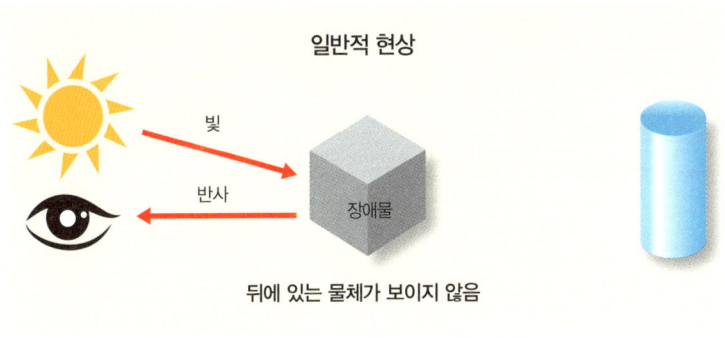

**일반적 현상**

빛

반사

장애물

뒤에 있는 물체가 보이지 않음

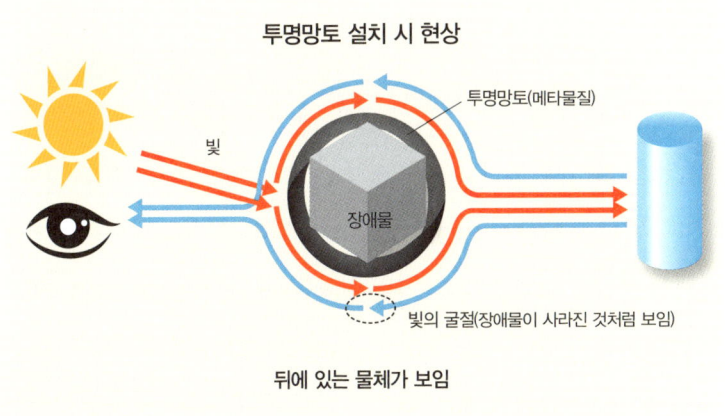

**투명망토 설치 시 현상**

투명망토(메타물질)

빛

장애물

빛의 굴절(장애물이 사라진 것처럼 보임)

뒤에 있는 물체가 보임

투명 망토 원리

가장자리를 따라 흘려보낼 수 있다면 어떨까요? 마치 시냇물이 바위를 휘돌아 지나가는 것처럼 말이죠. 우리 눈에는 그저 물체가 그자리에 없는 것처럼 보이게 될 것입니다. 함께 볼 그림은 영국의 로체스터대학교에서 우리에게 익숙한 돋보기를 가지고 투명 망토의원리를 시연한 것인데요. 만일 빛이 직진했다면 손가락에 닿아서 반사되어 우리 눈에 들어왔을 것입니다. 하지만 돋보기에 의해 굴절되었기 때문에 손가락을 피해서 그 사이로 빛이 통과하는 바람에 돋보기 안에서는 손가락이 없는 것처럼 보이는 것입니다.

다음 그림을 보면 투명 망토의 원리와 메타물질을 어떻게 만들 수 있을지가 조금 더 명확해집니다.◆ 여러 장의 거울을 규칙적으로 그림처럼 배열해 마법사를 에워쌌다고 가정해 봅시다. 거울에 의해 방향이 꺾인 빛은 화살표로 표시된 경로를 따라 마법사의 주변을 돌아 우리 눈에 도달하지요. 그래서 우리에게는 마법사 뒤에 있는 배경만 보이게 될 것입니다. 그렇다면 이렇게 규칙적으로 배열된 거울 세트들을 우리 눈에 보이지 않을 정도로 아주 작게 만들어서 이음새가 보이지 않도록 촘촘히 이어 붙인다고 상상해 보자고요. 이것이 가능하다면 우리는 어떤 모양을 가진 물체든지 보이지 않게 할 수 있는 투명 망토를 만들 수 있겠지요.◆◆ 이렇게 원자나 분자들이 아주 미세한 패턴이나 규칙에 따라 배열된 메타물질은 빛의 방향을 우리가 원하는 대로 꺾을 수 있도록 해 줄 수 있습니다.

2006년에는 미국 듀크대학교에서 세계 최초로 2차원 투명 망토를 구현해 냈습니다. 그리고 2010년에는 투명 망토가 평면에서 입체로

◆ 메타물질의 응용 분야 중 사람들이 현재 가장 관심을 보이는 분야가 투명 망토다. 메타물질이 곧 투명 망토라고 오해해서는 안 된다.

◆◆ 본문에서 설명한 투명 망토의 원리는 빠른 이해를 돕기 위해 최대한 단순화된 비유로 설명한 것이다. 100퍼센트 완전한 설명이 될 수 없으며, 이를 더 명확히 이해하기 위해서는 대학원 수준의 물리학 지식이 필요하다.

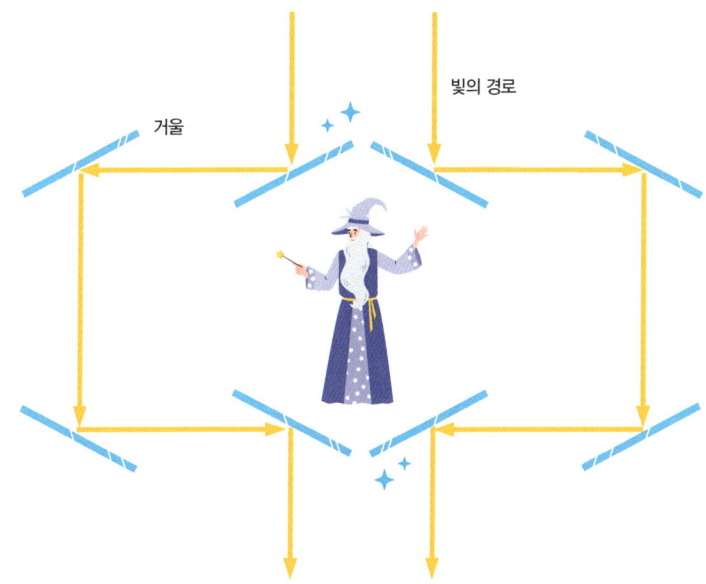

투명 망토 원리의 예시

발전했지요. 2013년 싱가포르 연구팀은 그들이 개발한 투명 망토로 금붕어와 고양이를 숨기기도 했습니다.

## 새로운 세상을 만들 메타물질

메타물질의 쓰임새는 무궁무진합니다. 예를 들어 자동차에 사용할 경우, 후방 카메라 없이도 뒤편 구석구석을 손바닥 보듯 들여다보면서 장애물을 피해 후진할 수 있겠죠. 수술 도구와 의료 기기를 투명하게 만들면, 시야가 가려지는 일 없이 환부를 훤히 들여다보면서, 더 안전하고 정확하게 수술을 할 수 있을 것이고요. 지금 쓰이는 볼록렌즈나 오목렌즈 대신 완전히 납작한 모양으로도 훨씬 배율이 높은 '슈퍼렌즈superlens'를 만들 수도 있을 텐데요. 그러면 시력이 많이 안 좋은 사람들도 두껍고 무거운 안경 대신 종잇장처럼 얇고 모양이 날렵한 안경을 쓰고 다닐 수 있을 것입니다. 또한 지금보다 더 작은 물체까지도 관찰할 수 있는 고성능 광학 현미경이 탄생할 수도 있어요.

완벽한 메타물질을 개발하는 데 성공한다면, 가장 먼저 적용될 것으로 예측되는 분야는 국방 분야입니다. 현재 비행기나 군함이 레이더에 잡히지 않도록 하는 스텔스stealth 기술에 더해, 아예 가까운 거리까지 접근해도 알아차리지 못하게 하거나, 주요 군사 시설과 장비를 적이 파괴하지 못하도록 숨길 수도 있겠지요.

메타물질이 개발되면 우리는 한 번 더 엄청난 문명의 도약을 경험하게 될 것입니다. 하지만 이러한 발전이 한편으로는 뼈아픈 비극을 가져올 수도 있다는 우려도 제기되고 있죠. 투명 망토의 원래 주인이었던 해리의 아빠도 젊었을 때는 이것을 뒤집어쓰고 못된 짓을 많이 했는데요. 이처럼 사람들은 투명 망토를 좋은 일보다는 나쁜 일에 쓰고자 하는 충동을 더 많이 느낄 수도 있습니다. 물론 이 두려움 때문에 신기술의 개발을 제한하면 안 되겠죠.

모든 약에는 반드시 부작용이 있는 것처럼, 모든 과학기술에는 야

누스의 얼굴처럼 어두운 면과 밝은 면이 공존합니다. 소재도 예외일 수는 없습니다. 부작용과 악용 사례 전부를 막을 수는 없겠지만, 인류가 이룩해 낸 신소재의 발명이 유익하게 쓰일 수 있도록 온 세계가 지속적인 관심을 가지고 노력해야 할 것입니다.

# 꼬리에 꼬리를 무는 신소재 이야기

초판 1쇄 발행 2025년 8월 15일

지은이 | 홍완식
펴낸곳 | (주)태학사
등록 | 제406-2020-000008호
주소 | 경기도 파주시 광인사길 217
전화 | 031-955-7580
전송 | 031-955-0910
전자우편 | thspub@daum.net
홈페이지 | www.thaehaksa.com

편집 | 조윤형 여미숙 김태훈
마케팅 | 김민선
경영지원 | 김영지

ⓒ 홍완식 2025. Printed in Korea.

값 18,000원
ISBN 979-11-6810-369-6 43430

**"주니어태학"**은 (주)태학사의 청소년 전문 브랜드입니다.

책임편집 김태훈
디자인 이유나